DAS PERFEKTE FAHRRAD SELBER BAUEN

(AN EINEM WOCHENENDE)

Laurence King Verlag GmbH
Jablonskistraße 27, 10405 Berlin
www.laurencekingverlag.de

Commissioning editor: Zara Larcombe
Gestaltung: Alexandre Coco
Copyeditor: Nicola Hodgson

Für die deutsche Ausgabe
Übersetzung: Dr. Ulrich Korn, Dortmund
Lektorat: hauffe publishing, Dortmund
Satz: Igor Divis, Dortmund
Projektleitung: hauffe publishing, Dortmund

ISBN: 978-3-96244-177-7
1. Auflage 2021
Hergestellt in China

Laurence King Publishing setzt sich für eine ethische und nachhaltige Produktion ein. Wir sind stolzes Mitglied des Book Chain Project®.
Bookchainproject.com

BOOK
CHAIN
PROJECT

Für meinen Vater, der mich ermutigte,
mein erstes Schaltwerk zu wechseln.

DAS PERFEKTE FAHRRAD SELBER BAUEN

(AN EINEM WOCHENENDE)

ALAN ANDERSON
Illustrationen von Lee John Phillips

Aus dem Englischen von Ulrich Korn

Laurence King Verlag

Bauen Sie sich Ihr eigenes Fahrrad!

Warum ein Fahrrad bauen? Es gibt nur einen Grund dafür, ein Fahrrad zu besitzen – um damit zu fahren. Und der beste Grund für den Bau eines eigenen Fahrrads ist, dass man damit einfach besser fährt.

Indem Sie die Form, die Größe, das Gewicht und die Besonderheiten genau nach Ihren Vorstellungen festlegen, können Sie sich das Fahrrad bauen, das perfekt zu Ihnen passt. Sie können sich ein Rad bauen, mit dem Sie Ihr Gepäck, Ihre Einkäufe oder Ihre Kinder transportieren, was diese alltäglichen Aufgaben ungemein erleichtert. Sie können sich aber auch ein minimalistisches und leichtes Rad konstruieren, wenn Sie es als Rennmaschine benutzen möchten, oder eines mit guter Übersetzung und robusten Reifen, um im Gelände zu fahren.

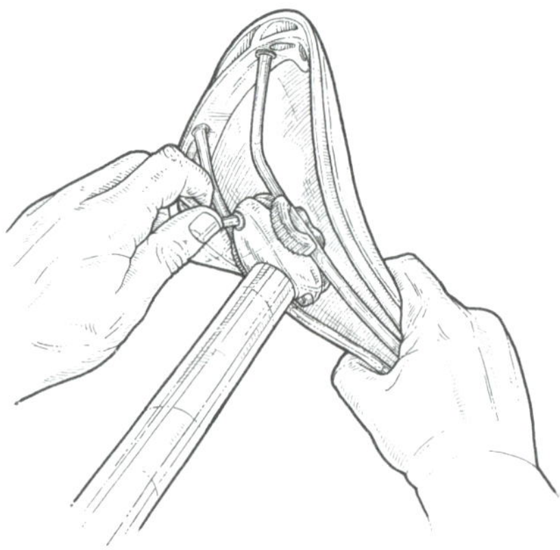

Ein weiterer Faktor sind die Kosten. Wenn Sie ein Fahrrad bauen, das lange halten soll, mit hochwertigen Komponenten und einem guten Rahmen, werden Sie merken, dass Sie bei der Selbstmontage ein wesentlich besseres Preis-Leistungs-Verhältnis bekommen. Sie werden zwar etwas Geld investieren müssen, aber dafür ist das Ergebnis letztendlich mehr wert als die Summe seiner Teile.

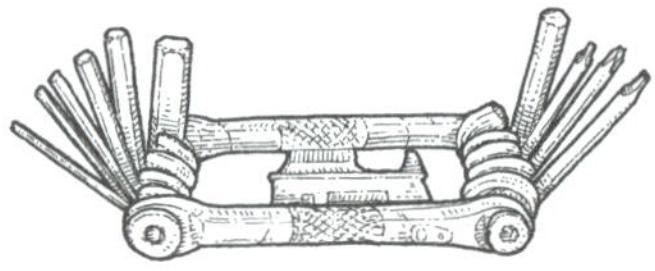

Wenn Sie die Herstellungs- und Funktionsweise Ihres Fahrrads nachvollziehen können, macht Sie das auch zu einem bewussteren Fahrer: Sie werden das leise Klappern, Knirschen und Surren hören, wodurch Ihr Fahrrad um ein wenig Aufmerksamkeit und Pflege bittet, und Sie wissen, wann etwas geölt werden muss, wann Sie einen Zugeinsteller drehen oder eine Speiche anziehen müssen, damit aus einem kleinen Problem nicht ein großes wird. Wenn Sie erst einmal ein „Fahrrad-Flüsterer" sind, bietet Ihnen das handfeste Vorteile: Sie haben länger etwas von Ihrem Rad, es fallen weniger Reparaturen an, und Sie sparen sich die Kosten für Servicearbeiten in einer Fahrradwerkstatt.

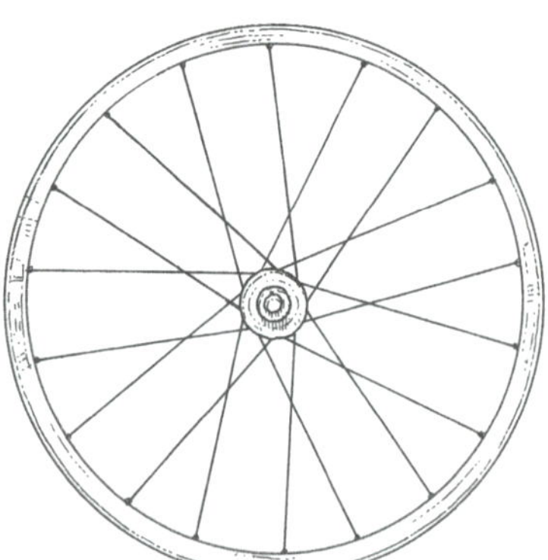

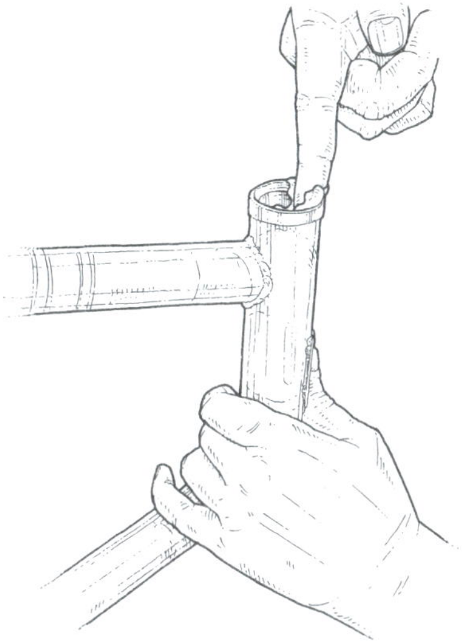

Ich liebe Fahrradgeschäfte, vor allem, wenn es sich um ein unabhängiges in der Region handelt, in dem der Inhaber zugleich der Mechaniker ist. Allerdings muss man den Service hier in der Regel weit im Voraus anmelden und für Arbeiten, die man leicht zu Hause erledigen kann, oft viel bezahlen. Wenn Sie jedoch ein Bauteil einmal selbst montiert haben, sind Sie auch in der Lage, es zu reparieren.

Außerdem macht es Sie zu einem besseren Fahrer, weil Sie ein instinktives Gespür für die Balance, das Gewicht, die Beschleunigung, das Bremsverhalten und den Grip des Fahrrads bekommen.

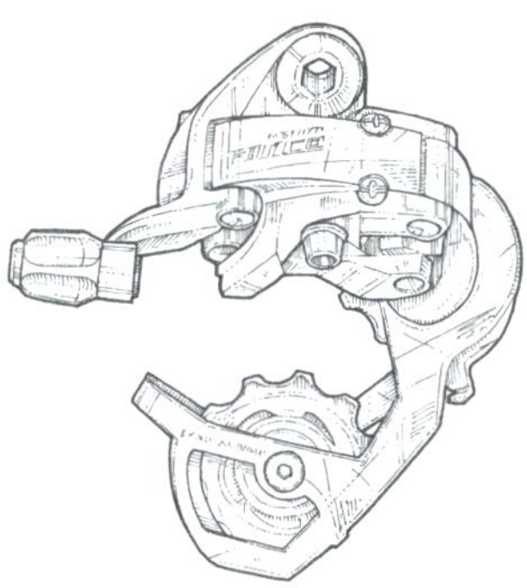

Mit der Zeit entwickeln Sie eine Art Beziehung zu Ihrem selbst gebauten Bike, das so einzigartig ist wie Sie: ein Unikat mit eigenem Charakter und eigenen Macken. Es ist daher nicht verwunderlich, dass viele ihren selbst gebauten Fahrrädern auch Namen geben. Und wenn man Spaß am Radfahren hat, fährt man auch mehr, und das ist der nächste wichtige Grund für den Bau des eigenen Fahrrads. Jeder Kilometer im Sattel tut einem gut, er trägt zur körperlichen Fitness und zur Entspannung bei, und beim Fahren verschmutzt man nicht die Luft oder die Landschaft. Es gibt nichts Vergleichbares.

Wenn Sie also ein Fahrrad bauen können, das nicht nur besser fährt, sondern auch länger hält, weniger kostet, Sie glücklicher und die Welt ein wenig besser macht, dann lautet die Frage nicht: „Warum ein Fahrrad bauen?“, sondern: „Womit fange ich an?“

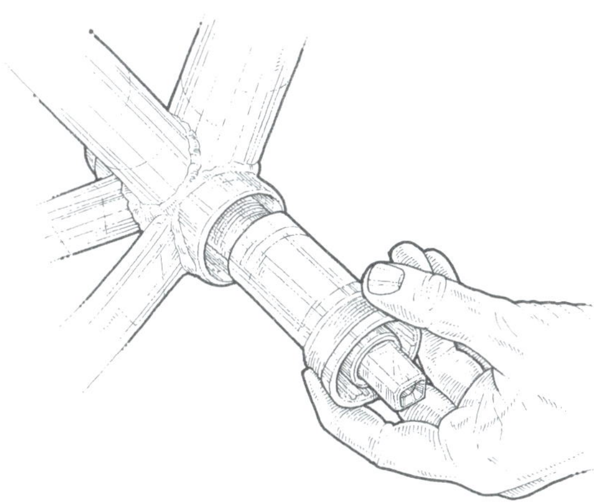

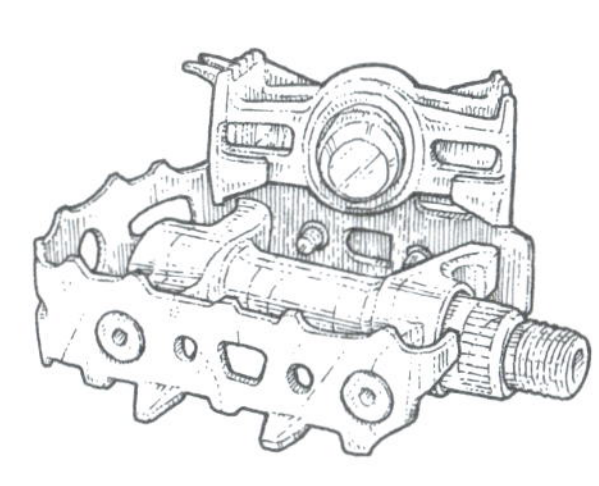

Über dieses Buch

Dieses Buch gibt Ihnen das nötige Vertrauen, Ihr eigenes Fahrrad zu bauen und am Ende eine Maschine zu haben, die perfekt zu Ihnen passt. Da Sie das Rad selbst gebaut haben, wissen Sie, wie alle Teile zusammenarbeiten, und es wird Ihnen keine Probleme bereiten, es zu tunen, zu reparieren und in gutem Zustand zu halten.

Dieses Buch ist kein vollständiges Handbuch für den Fahrradbau. Die unendliche Vielfalt der vorgefertigten Teile und die einfache Verfügbarkeit gebrauchter Teile machen es unmöglich, alle denkbaren Bauarten abzudecken: Es würde buchstäblich Tausende von Seiten umfassen und innerhalb weniger Wochen veraltet sein. Doch obwohl Teile, die die gleiche Aufgabe erfüllen, sich in den Details unterscheiden, arbeiten sie in der Regel nach denselben Prinzipien und werden an den gleichen Stellen des Fahrrads montiert. Dieses Buch zeigt, wie die Komponenten funktionieren, was bei der Auswahl zu beachten ist und wie man sie einbaut. Es hilft Ihnen beispielsweise bei der Wahl zwischen Felgen- oder Scheibenbremsen, Drahtreifen oder schlauchlosen Reifen, klassischen oder gewindelosen Vorbauten sowie flachen Lenkern oder Rennlenkern.

Der Fahrradbau ist auf spielerische Weise sehr lehrreich. Die meisten Komponenten sind heutzutage hinsichtlich ihrer Bauart gut gemacht und zeichnen sich durch ebenso gute Qualität aus, und es macht Spaß, mit ihnen zu arbeiten, besonders wenn man sich die Zeit nimmt, herauszufinden, wie sie funktionieren.

Wenn Sie ein neues Teil einbauen, sollten Sie stets die Herstellerhinweise beachten. Dieses Buch führt Sie durch den gesamten Konstruktionsprozess, sodass Sie von Anfang an die richtigen Teile auswählen und Spaß am Bau Ihres Fahrrads haben. Ein neu gekauftes Bike werden Sie zwar auch fahren, aber es nie so sehr lieben wie das Fahrrad, das Sie selbst gebaut haben.

Beschaffung der Komponenten

Das Internet ist zu einer ergiebigen Quelle geworden, und es lässt sich nicht vermeiden, dass Sie einige Stunden damit verbringen werden, Details wie den Durchmesser des Sattelrohrs, die Art des Tretlagers und die Länge der Tretkurbeln zu checken, wenn Sie die Materialien für Ihren Bau zusammenstellen. Lassen Sie sich darauf ein, scheuen Sie sich nicht, den Verkäufern Fragen zu stellen, und überprüfen Sie alles genau. Schon bald wartet ein Stapel einzelner Teile darauf, von Ihnen zusammengesetzt zu werden: die Materialien, mit denen Sie Ihre Traummaschine Wirklichkeit werden lassen.
Am Ende des Buches finden Sie Checklisten, in denen Sie die Maße für den Bau Ihres speziellen Fahrrads eintragen können.

Anatomie des Fahrrads

1 - Bremsschalthebel
2 - Lenker
3 - Schalt- und Bremszüge
4 - Reifen
5 - Felgen
6 - Speichen
7 - Nabe
8 - Bremsscheiben
9 - Bremssattel
10 - Pedal
11 - Kurbelsatz bzw. Kettenblattgarnitur
12 - Kette
13 - Schaltwerk
14 - Kassette
15 - Umwerfer
16 - Sattelklemme
17 - Sattelstütze
18 - Sattel
19 - Vorbau
20 - Gabelschaft

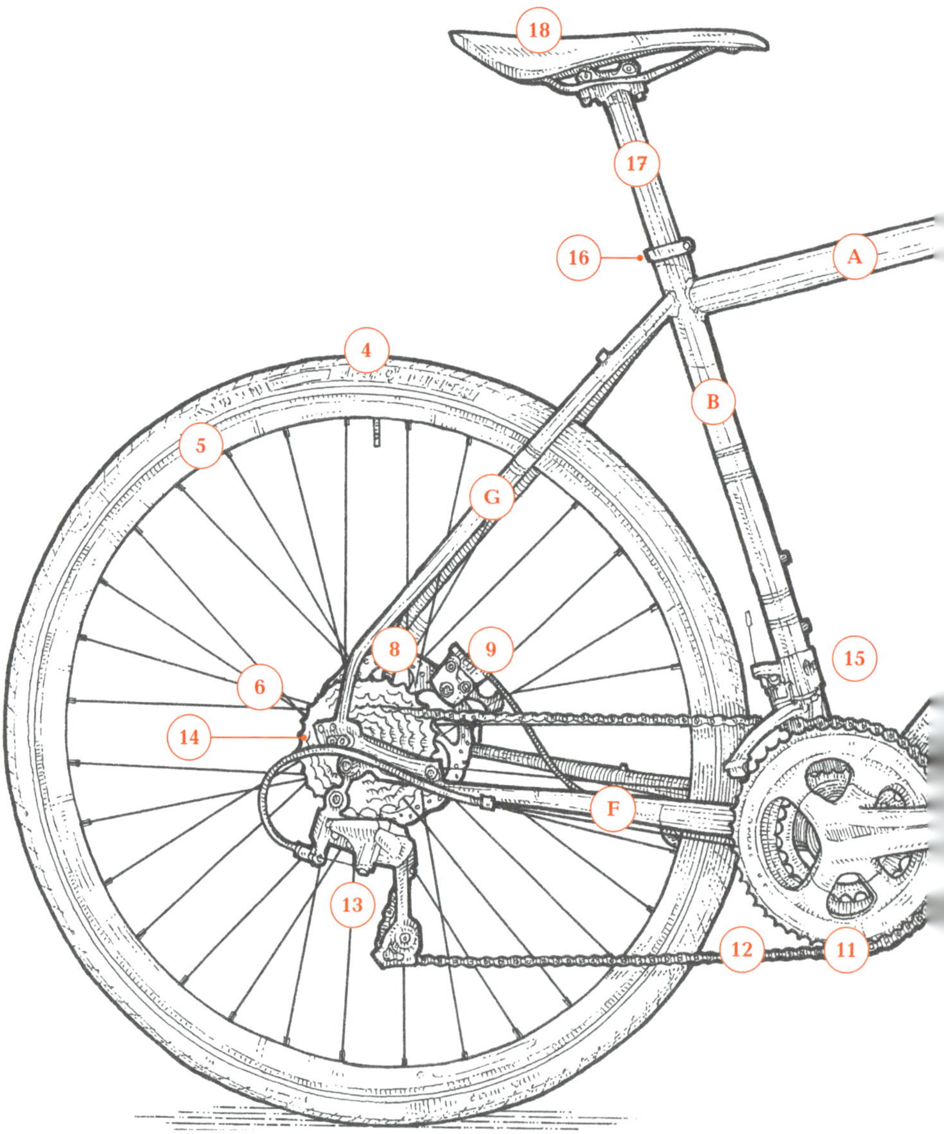

Rahmen

A – Oberrohr
B – Sitzrohr
C – Unterrohr
D – Steuerrohr
E – Gabel
F – Kettenstrebe
G – Sitzstrebe

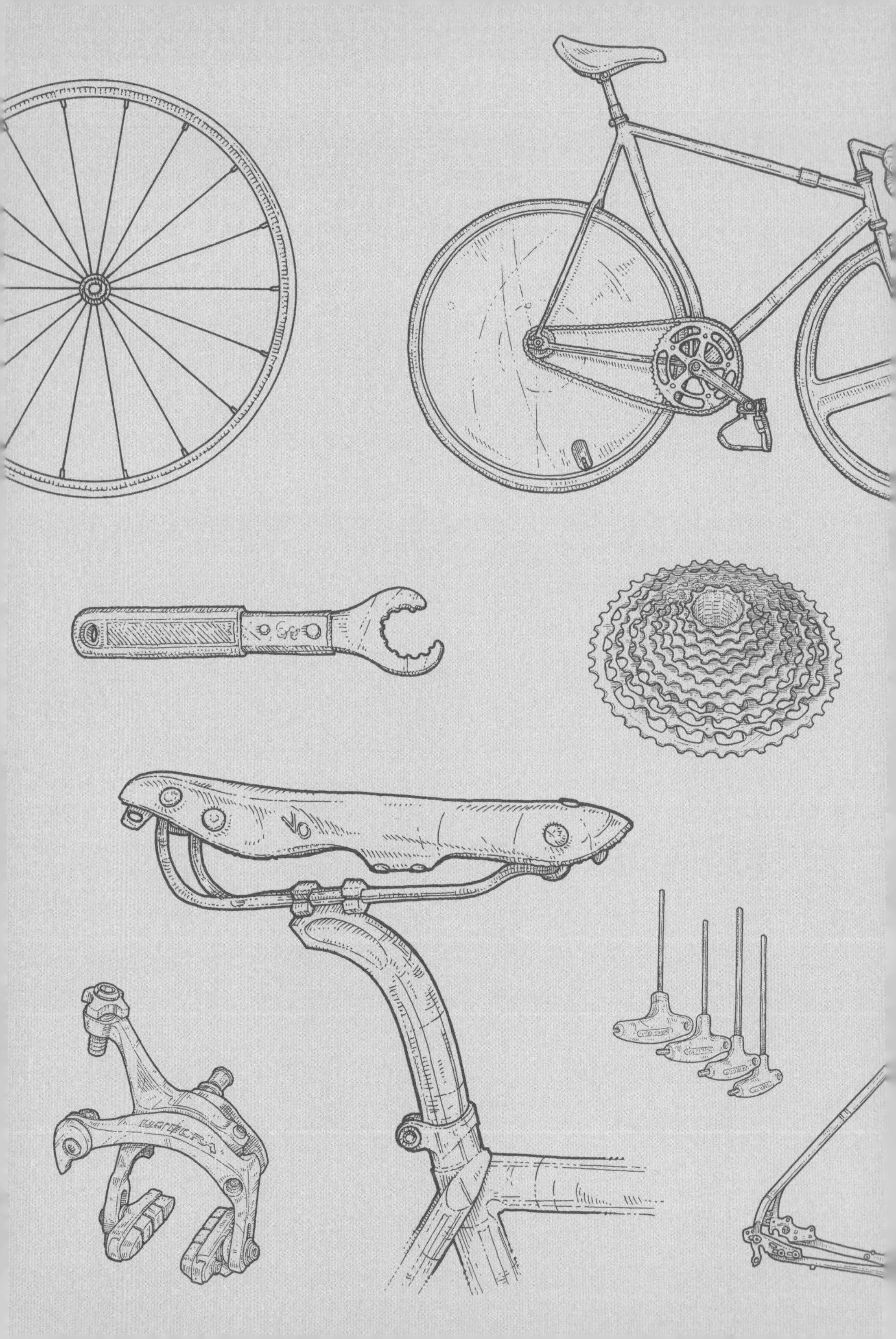

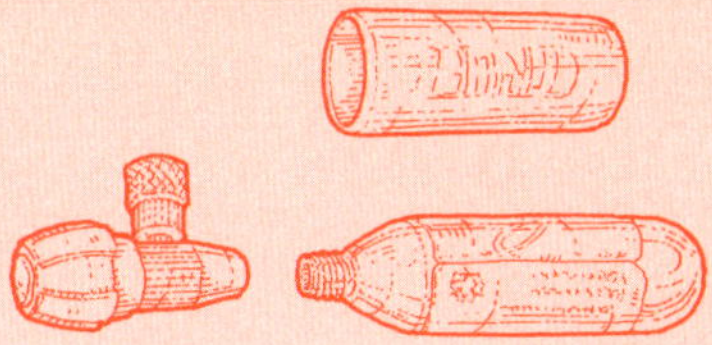

1

Planung, Budgetierung und Einkauf

Wenn man ein Fahrrad von Grund auf neu baut und nicht ein bereits vorhandenes restauriert und wieder zusammensetzt (was auch eine reizvolle Aufgabe ist), dann ist eine sorgfältige Vorbereitung entscheidend. Finden Sie heraus, was Sie erreichen wollen, wie es Ihnen gelingen kann, und setzen Sie die benötigten Teile zusammen, um Ihren Traum zu verwirklichen. Nutzen Sie bei der Auswahl der Teile die Checklisten auf den Seiten 123 und 124, um sicherzustellen, dass Sie nichts vergessen und die Komponenten zueinander passen.

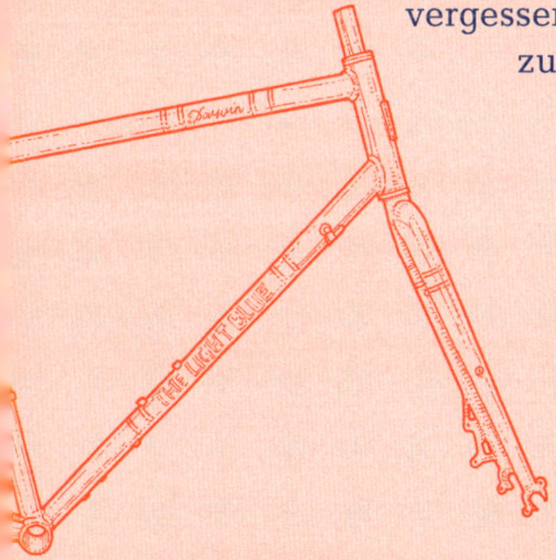

1.1 Neu und alt

Wenn Sie wie ich das Radfahren lieben, weil es effizient und umweltfreundlich ist, sind Sie sicher nicht abgeneigt, die Kosten und die Auswirkungen Ihres selbst gebauten Fahrrads auf die Umwelt kleinzuhalten.

Die gute Nachricht ist, dass Sie dies tun können, ohne wesentliche Qualitätseinbußen hinnehmen zu müssen: Die meisten Fahrradteile (einschließlich Bremsschalthebel, Bremsen, Schaltwerk und Umwerfer) halten, wenn sie gepflegt werden, jahrzehntelang – oder Tausende von gefahrenen Kilometern. Jedes Fahrrad, das ich gebaut habe, ist eine Kombination aus alten und neuen Teilen. Gebrauchte Teile zu kaufen ist sinnvolles Recycling und spart dabei noch Geld.

Komponenten, die Sie besser neu kaufen sollten

Dies sind die Teile, die den größten Abrieb haben und sich bei Gebrauch zwangsläufig abnutzen. Obwohl in gebrauchten Teilen noch viel Leben steckt, sind Sie mit neuen Teilen auf der sicheren Seite. Beachten Sie, dass Räder und Rahmen aus Aluminium(legierungen) unter Metallermüdung leiden können; diese bleibt so lange unsichtbar, bis das Material nachgibt. Es wird daher empfohlen, neue Räder und Rahmen zu kaufen, es sei denn, Sie können sicher sein, dass sie kaum benutzt wurden.

- Steuersatz mit Kugellagern
- Tretlager
- Kette und Kassette
- Bremsklötze
- Laufräder
- Reifen
- Schalt- und Bremszüge
- Aluminiumrahmen

Fahrradteile, die Sie gebraucht kaufen oder aus einem alten Fahrrad recyceln können

Dazu gehört buchstäblich alles, was oben nicht aufgeführt ist – solange es gepflegt ist.

Reinigen und fetten Sie alles, bevor Sie es wiederverwenden. Prüfen Sie die Teile auf Risse, Kratzer, Beulen und Verformungen.

1.2 Restaurierung eines Fahrrads

Ein altes, mehr oder weniger komplettes Fahrrad zu restaurieren ist eine tolle Sache: Es ist wahrscheinlich billiger, als von Grund auf Ihr eigenes Rad zu bauen, außerdem benötigen Sie weniger Zeit für die Planung und können schneller als Fahrradmechaniker aktiv zu werden.

Beim Restaurieren können Sie entweder Wert auf das historische Design legen, indem Sie gebrauchte Vintage-Teile verwenden, um abgenutzte Elemente zu ersetzen, oder etwas Neues schaffen, indem Sie moderne Bremsen, Schaltungen und Räder an einem klassischen Rahmen anbringen. In jedem Fall erhalten Sie am Ende ein einzigartiges Fahrrad mit eigenem Charakter.

Abgesehen davon ist die Arbeit an einem alten Rad vorhersehbarer als der Bau eines nagelneuen Bikes aus dem Nichts. Je älter der Rahmen ist, desto wahrscheinlicher werden Sie auf Probleme hinsichtlich austauschbarer Teile stoßen, was eine Onlinerecherche, ungewöhnliche Werkzeuge oder die Hilfe einer Fahrradwerkstatt erfordert. Während die wichtigsten Arbeiten des Fahrradbaus hier abgedeckt werden, gehen die Fragen nach Austauschbarkeit, Vintage-Teilen und veralteten Komponenten über den Rahmen dieses Buches hinaus. Zu nahezu allen Beschaffungsfragen gibt es aber im Internet inzwischen die passenden Informationen (s. S. 125).

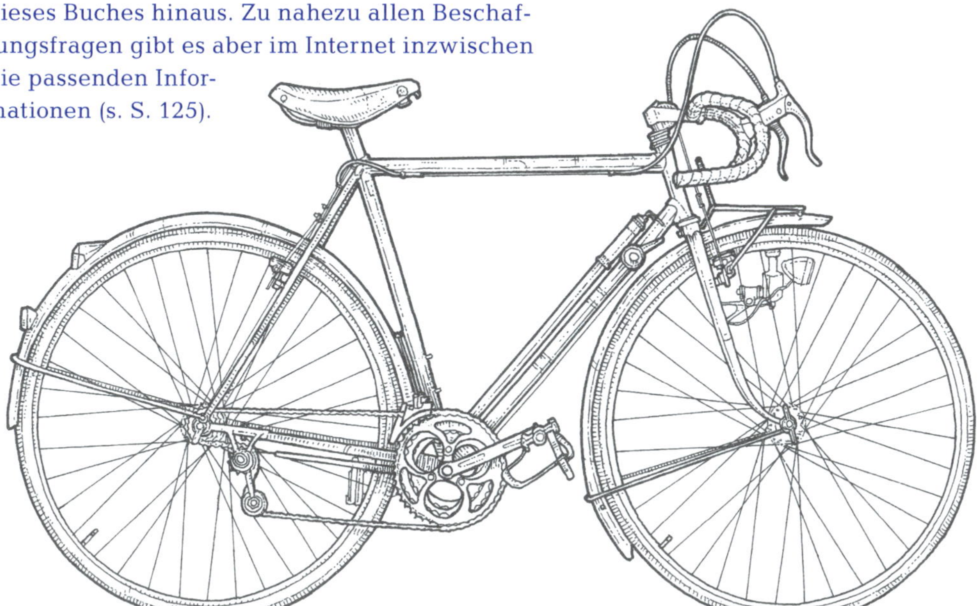

1.3 Welche Art von Fahrrad soll es sein?

Ein Fahrrad kann zum täglichen Pendeln benutzt werden, darüber hinaus gibt es Tourenräder, Citybikes, Offroad-Bikes und Rennräder, Lastenräder und Räder für den Kindertransport. Diese Vielseitigkeit trägt heute zum Spaß am Fahrrad bei.

Es ist praktisch, am Samstagmorgen erst einige Kilometer auf Feld- oder Waldwegen zu fahren und dann mit demselben Fahrrad und mit gefüllten Packtaschen die Einkäufe aus dem Supermarkt nach Hause zu bringen. Wenn Sie auf einem Rennrad mit 60 km/h eine lange Abfahrt auf einer freien Landstraße genießen können, sich aber mit einem Kind im Kindersitz oder Trailerbike genauso sicher fühlen, vereinfachen und bereichern Sie Ihr Leben gleichermaßen: Abgesehen von dem Gefühl, die Freiheit zu haben, überall hinzukommen und alles tun zu können, ist es einfach herrlich bequem.

Obwohl Sie also mithilfe dieses Buches ein federleichtes Rennrad oder ein robustes Cargobike für den Stadtverkehr bauen könnten, schlage ich zunächst mal vor, ein Fahrrad zu entwerfen und zu bauen, das zugleich sportlich und praktisch, solide und doch nicht allzu schwer ist. Doch es führen viele Wege zum Ziel: Dieses Buch bietet ein paar Möglichkeiten, und Sie müssen rechtzeitig einige wichtige Entscheidungen treffen.

Dieses Fahrrad eignet sich gleichermaßen gut zum Pendeln oder als Freizeitrad ...

Möchten Sie ein ausgesprochenes Straßenrad bauen, mit Felgenbremsen (manchmal auch Scheibenbremsen), schmalen Rädern und Reifen und einem Rennlenker? Das wäre etwas, um auf der Straße stärker in die Pedale zu treten (auch im Gelände ist es bedingt nutzbar), sodass Ihnen lange Strecken leichter fallen und Sie schneller fahren können.

Oder denken Sie eher an ein Gravelbike? Ein solches Rad ist auch sportlich, hat aber etwas von einem Mountainbike, fast immer mit Scheibenbremsen, dickeren Reifen und mitunter einem flachen Lenker. Es ist besser für Offroad-Touren geeignet und erweist sich im Stadtverkehr als sehr robust, wenn man auf Straßen mit Schlaglöchern fährt. Ein Gravelbike fährt sich auf längeren Strecken etwas langsamer.

Diese beiden Modelle, auf denen die meisten Abbildungen in diesem Buch beruhen, sind Beispiele für zwei unterschiedliche Herangehensweisen. Das eine ist ein robustes Rennrad, das sich auch im Gelände und bei kurzen Spritztouren durch die Stadt, mit Gepäckträger auch zum Transport und bei Einkäufen, bewährt hat. Das andere ist ein „Monstercross"- oder Gravelbike und zeigt viele Merkmale eines Mountainbikes; es ist genauso nützlich, erweist sich aber als trittsicherer bei Offroad-Touren und hat eine kleinere Übersetzung, wodurch quälende Steigungen leichter zu bewältigen sind, allerdings auf Kosten superschneller Abfahrten. Beide Modelle sind aus Stahl und garantieren somit Belastbarkeit, Fahrkomfort, Qualität und eine lange Lebensdauer. Für was auch immer Sie sich entscheiden, mit Hilfe dieses Buches finden Sie heraus, was Ihnen wichtig ist.

... dieses nicht. Das bräuchte man eher um einen Geschwindigkeitsrekord aufzustellen.

1.4 Die Auswahl des Rahmens

Leidenschaftliche Radfahrer wissen, dass der Rahmen mehr ist als nur das Skelett eines Fahrrads: Er ist seine eigentliche Seele. Egal wie oft Sie ausgediente Räder, Ritzel, Ketten, Sättel oder Bremsen wechseln: Ein Fahrrad bleibt stets dasselbe, wenn es denselben Rahmen hat – er wirkt sich mehr auf die Fahreigenschaft aus als jedes andere Teil.

Der Rahmen bestimmt unsere Körperhaltung beim Fahren, durch ihn spüren wir die Vibrationen und Stöße vom Untergrund, ebenso die Kraftübertragung von den Muskeln auf die Räder. Er gibt vor, wie ausbalanciert und wie stark wir dem Windwiderstand ausgesetzt sind, wie viel Kontrolle wir über das Rad sowohl auf der Straße als auch im Gelände haben. Die Wahl des Rahmenmaterials bestimmt auch die Lebensdauer Ihres Fahrrads, daher ist es sinnvoll, den Rahmen und die entsprechende Gabel sorgfältig auszuwählen. Die vier wichtigen Punkte sind: Material, Größe, Form und Kompatibilität der Komponenten. All diese Faktoren wirken zusammen und machen am Ende Ihr fertiges Fahrrad aus.

Material

Das Material des Rahmens bestimmt nicht nur sein Gewicht und die Effizienz bei der Kraftübertragung Ihrer Pedalhübe. Es wirkt sich auch auf die Lebensdauer des Fahrrads und den Fahrkomfort aus und darauf, wie viel Gepäck Sie transportieren können (oder welche Größe ein Mitfahrer haben darf).

Größe

Die Größe des Rahmens bestimmt, wie Sie sich auf dem Rad fühlen. Sie können zwar immer ein Fahrrad fahren, das etwas zu groß oder zu klein ist, da Sie den Sattel, den Vorbau und den Lenker einstellen können. Aber lange Fahrten sind unbequem und machen weniger Spaß, wenn der Rahmen nicht die richtigen Maße für Ihre Größe und Beinlänge hat.

Kompatibilität der Komponenten

Sie sollten auch auf die Art der Komponenten achten, die Sie anbringen können. Zum Beispiel benötigen Scheiben- oder V-Bremsen mit Mittelzug angebaute Vorsprünge oder Befestigungsbohrungen am Rahmen. Bei einer schmalen Rahmen-/Gabelkombination können Sie nicht allzu breite Reifen benutzen, und Gepäckträger und Schutzbleche benötigen ebenfalls Befestigungspunkte. Wenn Sie Gepäck befördern oder im Gelände fahren wollen, müssen Sie dies bei der Auswahl des Rahmens berücksichtigen.

Farbe

Ein bunt lackiertes Fahrrad kann ein Hingucker sein, aber ein bewusst unauffällig gehaltenes Bike hat auch seine Vorteile: Es lockt seltener Diebe an. Wenn Sie Ihr Rad oft draußen in der Stadt anschließen, ist ein dezenter dunkelgrauer oder schwarzer Rahmen eine gute Idee. Besonders nach Einbruch der Dunkelheit treten schlicht gehaltene Fahrräder in den Hintergrund und ziehen weniger Aufmerksamkeit auf sich.

Form

Die Geometrie des Rahmens bezieht sich auf die Winkel, die sich an den Stellen bilden, an denen die Rahmenrohre aufeinandertreffen. Auch wenn die Unterschiede dieser Winkel von einem Fahrrad zum anderen gering erscheinen mögen, wirken sie sich doch entscheidend auf Ihre Position und damit auf Ihre Fahreigenschaften und Ihren Fahrkomfort aus.

Ein maßgeschneiderter Rahmen

Eine Möglichkeit, ein einzigartiges Fahrrad zu haben, besteht darin, sich einen Rahmen genau nach Ihren Maßen, der gewünschten Geometrie und den speziellen Materialeigenschaften anfertigen zu lassen. Spezialisierte Rahmenbauer (die in der Regel Stahl verwenden) führen Sie durch den gesamten Herstellungsprozess. Das Ergebnis ist ein personalisiertes Fahrrad, wenn auch eine kostspielige Angelegenheit.

1.5 Das Rahmenmaterial

Es ist ein Allgemeinplatz unter Fahrradherstellern, dass man kompromissbereit sein muss, wenn es um den Rahmen geht. „Leicht, robust, billig – wählen Sie zwei Optionen aus“. Dies ist die erste Entscheidung, die Sie bei der Planung Ihres Fahrradbaus treffen müssen.

Es wird zwar auch mit Kunststoff und Bambus experimentiert, doch die meisten Fahrradrahmen werden aus Stahl, Aluminium, Titan oder Carbon hergestellt, und jedes Material hat Vor- und Nachteile.

Stahl

Stahl ist das altehrwürdige Material für die Rahmenherstellung, seit mehr als hundert Jahren wird es verwendet, und die größten Rennfahrer fuhren auf Stahlrahmen. Für den Laien, der sich sein eigenes Fahrrad bauen will, bietet Stahl viele Vorteile. Aufgrund seiner Belastbarkeit ist er die erste Wahl, wenn Sie Ihr Rad zum Transport von Lasten benutzen wollen. Seine Elastizität sorgt für den entsprechenden Fahrkomfort, da der Rahmen die Vibrationen, die durch das Fahren auf der Straße entstehen, absorbiert. Diese Elastizität ist auch der Grund dafür, dass Stahl nicht unter Metallermüdung leidet und ewig hält (solange er nicht rostet). Ein Fahrrad aus Stahl ist ein Fahrrad fürs Leben. Stahlrahmen haben eine lange Geschichte, sind sehr beliebt und relativ preiswert. Auch gebrauchte Rahmen sind leicht erhältlich. Die Kehrseite der Medaille ist, dass Stahlrahmen mehr wiegen als die aus Titan, Aluminium oder Carbon.

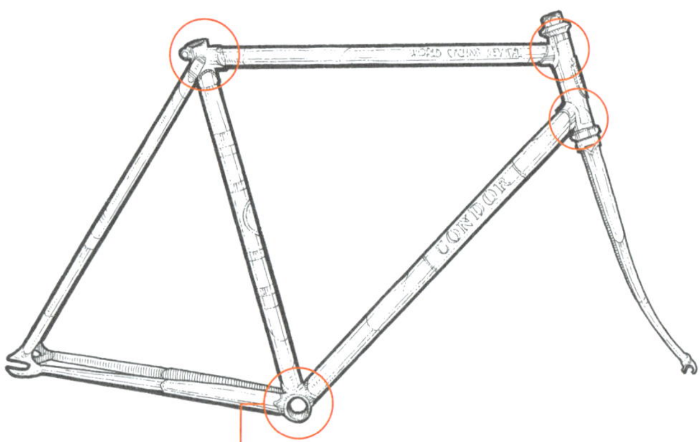

STAHLMUFFE

Ein klassischer Stahlrahmen hat schmale Rohre, elegant geschwungene Gabeln und Muffen an den Stellen, an denen die Rohre aufeinandertreffen.

TIP: Achten Sie bei der Wahl eines Stahlrahmens darauf, dass er doppelt konifiziert ist (das bedeutet, dass er an stark belasteten Stellen von innen mit extradicken Rohren verstärkt ist) und aus einer soliden, aber leichten Legierung besteht. Reynolds-Rohre sind, nicht nur bei britischen Herstellern, hoch angesehen und beliebt.

Titan

Dieses Metall hat Eigenschaften, die es sehr begehrt machen: Es wiegt nur halb so viel wie Stahl, ist doppelt so fest wie Aluminium und zudem korrosionsbeständig und elastisch. Der einzige Nachteil: die Kosten. Die Arbeit mit Titan ist kompliziert, da es in sauerstoffhaltiger Umgebung nicht geschweißt werden kann. Das wiederum bedeutet, dass neue Rahmen aus Titan teuer und gebrauchte eher selten sind. Wenn Sie sich jedoch einen Titanrahmen leisten können, sollten Sie das ernsthaft in Betracht ziehen. Bei vielen Titanrädern ist die Oberfläche nicht lackiert, und das macht sie auch für Diebe auffallend sichtbar.

Aluminium(legierung)

Aluminium ist billiger und leichter als Stahl und lässt sich leicht verarbeiten; es ist das beliebteste Material für preisgünstige Fahrradrahmen. Bei eingefleischten Radfahrern und Fahrradbauern ist es jedoch aus zwei Gründen weniger angesagt: Erstens sind Aluminiumrahmen weniger elastisch als Stahl und daher steifer und unbequemer. Zweitens unterliegt Aluminium der Metallermüdung. Alle Aluminiumrahmen zeigen irgendwann Risse. Wenn Sie Ihr Rad regelmäßig benutzen, Gepäck transportieren, im Gelände fahren oder selbst etwas schwerer sind, wird dieser Prozess noch beschleunigt. Leider sind Aluminiumräder nicht für die Ewigkeit gebaut.

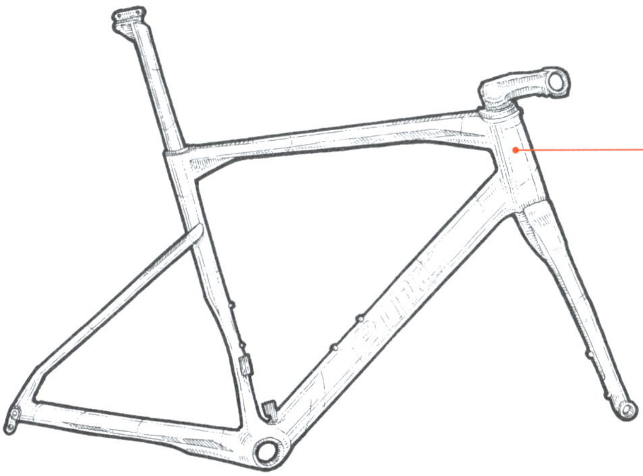

Ein für sportliche Leistungen entwickelter Rahmen kann die Vorteile des guten Kraft-Gewichts-Verhältnisses von Carbon voll ausnutzen.

Carbon

Carbon ist das Material der Wahl für Rennräder, denn es ist unglaublich leicht und robust. Die Rahmen können an einigen Stellen versteift und in anderen elastischer gemacht werden, was sowohl für eine hervorragende Kraftübertragung als auch für einen guten Fahrkomfort sorgt, doch es gibt eine Kehrseite: Carbon reagiert empfindlich auf hohen punktuellen Druck, was im Falle eines Unfalls katastrophale Folgen haben kann; schon eine zu stark angezogene Schraube am Rahmen macht das Material anfällig für Schäden. Ein Drehmomentschlüssel ist selbst bei den einfachsten Arbeiten daher unerlässlich. Wenn man jedoch sorgfältig arbeitet und keine Unfälle verursacht, hält ein guter Carbonrahmen ein Leben lang. Carbon ist hinsichtlich der Konstruktion wesentlich flexibler, da Fahrradkonstrukteure nicht unbedingt mit Rohren arbeiten müssen; viele Carbonrahmen haben markante, innovative Formen.

1.6 Die Rahmengröße

Man könnte meinen, einen Rahmen in der richtigen Größe auszuwählen wäre einfach, schließlich werden die meisten in nur fünf Varianten hergestellt. Aber achten Sie mal darauf: Viele Ihrer Mitfahrer strecken sich entweder zu weit über zu große Rahmen oder krümmen sich auf solchen, die zu klein für sie sind. Offensichtlich kann man hier leicht etwas falsch machen!

Auch wenn Sie Sattel, Sattelstütze, Lenker und Vorbau passgenau einstellen können, muss der Rahmen selbst die richtige Größe haben.

Ein guter Ausgangspunkt ist das Fahrrad, das Sie derzeit fahren. Finden Sie es selbst nach ein paar Stunden im Sattel noch bequem? Ist Ihr Rücken beim Fahren entspannt, weder zu sehr gestreckt noch gekrümmt? Ist Ihr Gewicht zwischen Vorder- und Hinterrad gut verteilt? Befinden sich Ihre Leisten gut einige Zentimeter über dem Oberrohr, wenn Sie über dem Fahrrad stehen? Ragt die Sattelstütze mindestens 10 cm aus dem Sitzrohr heraus? Sind Ihre Knie fast gestreckt, wenn Sie die Pedale durchtreten? Wenn Sie all diese Fragen mit Ja beantworten, dann passt Ihr Fahrrad wahrscheinlich recht gut zu Ihnen – orientieren Sie sich an seiner Größe als Ausgangspunkt für Ihren Fahrradbau.

Vorbauten (kurze Rohre, die das Steuerrohr mit dem Lenker verbinden) wirken sich ebenfalls auf den Fahrkomfort aus. Bei einem längeren Vorbau strecken Sie zwangsläufig Ihren Rumpf und Ihre Arme nach vorne, und bei einem kurzen Vorbau sitzen Sie mit Ihrem Oberkörper dichter gedrängt auf dem Rad: Es ist eine Sache der persönlichen Vorliebe, welche Position Sie bevorzugen. Vorbauten variieren in der Länge von 50 mm bis etwa 140 mm, wobei die meisten Biker sich für einen Mittelwert zwischen 100 mm und 110 mm entscheiden. Wenn Sie groß gewachsen sind oder kurze Beine für Ihre Körpergröße haben, sollten Sie einen längeren Vorbau in Betracht ziehen; wenn Sie eher klein sind, besorgen Sie sich einen kürzeren. Falls Sie unsicher sind, kaufen Sie verschiedene Größen zum Ausprobieren.

Was Sie messen müssen

Es gibt zwei Gründe, warum Sie sich nicht einfach auf Ihre Körpergröße und die angegebene Rahmengröße verlassen können, um eine schnelle Entscheidung zu treffen. Erstens müssen Sie nicht nur Ihre Gesamtgröße, sondern auch die Innenbeinlänge berücksichtigen. Ich würde beispielsweise allein aufgrund meiner Größe auf einen großen Rahmen passen, aber ich habe lange Beine. Dadurch wird mein Oberkörper verhältnismäßig kurz, also denke ich, dass ein mittelgroßes Fahrrad mit einer hohen Sattelstütze, die es mir erlaubt, meine Beine fast auszustrecken, tatsächlich besser zu mir passt. Andere Fahrer mit kurzen Beinen und längerem Rumpf haben das gegenteilige Problem. Daher sollten Sie die ersten beiden Spalten in der nebenstehenden Tabelle beachten. Stimmen die Maße mit Ihren überein, können Sie leicht eine Entscheidung treffen. Wenn nicht, wählen Sie das Maß, das in etwa Ihrem Rumpf entspricht. Ein Sattel lässt sich in der Höhe leicht verstellen und auf die Beinlänge anpassen. Ein Oberrohr lässt sich weder verkürzen noch verlängern.

Größenmaße

Zweitens sollten Sie beachten, dass die Rahmengröße von Mountainbikes häufig in Zoll angegeben wird; gemessen wird hier der Abstand zwischen der Mitte des Tretlagers und der Oberkante des Sitzrohrs. Bei Rennrädern wird ebenfalls diese Länge gemessen, allerdings in Zentimetern angegeben. Ob Rennrad oder Mountainbike, das Problem dabei ist, dass dieser Abstand nicht nur von der Größe des gesamten Rahmens, sondern auch vom Winkel des Oberrohrs abhängt. Dieser kann nahezu horizontal oder stark nach unten geneigt sein, wodurch sich erhebliche Abweichungen ergeben.

1

Orientieren Sie sich an dieser Tabelle ausgehend von Ihrer Körpergröße.

		RAHMENGRÖSSE	
Größe	Innenbeinlänge	Rennrad	Mountainbike
bis zu 160cm	75cm	50cm	15"–16"
162–168cm	76cm	51cm	15"–16"
	77cm	52cm	15"–16"
	78cm	52cm	16"–17"
170cm–175cm	79cm	53cm	16"–17"
	80cm	54cm	16"–17"
	81cm	54cm	17"–18"
177cm–180cm	82cm	55cm	17"–18"
	83cm	56cm	18"–19"
	84cm	56cm	18"–19"
	85cm	57cm	20"–21"
182–188cm	86cm	58cm	20"–21"
	87cm	58cm	20"–21"
	88cm	59cm	20"–21"
190cm +	89cm	60cm	20"–21"
	90cm	62cm	22" +

2

Vergleichen Sie nun das Ergebnis mit der Länge der Innenseite Ihrer Beine.

Messen des Innenbeins

Das Maß Ihres Innenbeins ist nicht mit der Schrittlänge identisch, mit der die Hosenlänge gemessen wird. Sie werden kein exaktes Ergebnis erhalten, wenn Sie versuchen, diese Länge zugrunde zu legen, das Etikett in Ihrer Jeans ist definitiv nicht zuverlässig genug. Stellen Sie sich mit etwas gespreizten Beinen in Socken auf den Boden und halten Sie ein Ende des Maßbands in der Leistengegend an den oberen Teil Ihres Beins, während ein Freund es neben Ihrer Ferse straff am Boden hält und das Maß ablesen kann. Notieren Sie dies in der Checkliste auf Seite 123.

Wenn man in Reiterstellung über einem Fahrrad steht, kann man schnell herausfinden, ob es die richtige Größe hat. Zwischen Leiste und Querstange sollte ein Abstand von mindestens einigen Zentimetern liegen. Dieses Rad ist zu groß für den Fahrer.

1.7 Rahmenform und -geometrie

Obwohl Fahrräder aus Carbon in vielen unterschiedlichen Formen hergestellt werden, sind die Grundlagen der Fahrradgeometrie seit vielen Jahren gleich geblieben, und man muss sich nur den einen oder anderen Winkel am Rahmen anschauen, um eine Vorstellung davon zu bekommen, wie sich das Fahrrad fährt.

Die Fahrradhersteller liefern all diese Informationen auf ihren Webseiten (zusammen mit vielen anderen Maßen), aber manchmal sind sie nicht ganz leicht zu verstehen. Im Folgenden sind die wesentlichen Punkte aufgelistet, die es zu beachten gilt, wenn man Testberichte oder Vergleiche zwischen zwei Rahmen liest:

1. Radstand

Der Radstand ist der horizontale Abstand zwischen den Mittelpunkten der vorderen und hinteren Ausfallenden: Ein längerer Radstand bietet mehr Komfort und Stabilität, sodass die meisten Freizeiträder (einschließlich Mountainbikes, Touren- und Hybridräder und Gravelbikes) tendenziell einen längeren Radstand haben. Und da die Lenkung des Fahrrads nicht allzu schnell reagiert, läuft es insgesamt ruhiger und ist leichter auszubalancieren. Ein kürzerer Radstand hingegen führt zu einer effizienteren Kraftübertragung und einer schneller reagierenden Lenkung, weshalb Rennräder nach diesem Prinzip gebaut werden.

2. Kettenstrebenlänge

Bezogen auf den Radstand ist dies der Abstand von der Mitte des Tretlagers bis zur Mitte der hinteren Ausfallenden. Wie beim Radstand führt eine kurze Kettenstrebe zu einem schnelleren, aber weniger stabilen Fahrrad.

3. Steuerrohrwinkel (auch Lenkkopfrohrwinkel genannt)

Der Winkel des Steuerrohrs im Verhältnis zur Waagerechten wirkt sich auf die Lenkung, die Stabilität und die Fahrposition aus. Je steiler der Winkel ist, desto weniger Kraft braucht man fürs Lenken – und desto instabiler ist das Fahrrad.

Tourenräder und Mountainbikes weisen eher etwas flachere Steuerrohrwinkel auf. Erstere, weil man mit ihnen nur selten plötzlich die Richtung ändern muss und eine laufruhige Fahrt wichtig ist; letztere wegen der besseren Kontrolle, die dadurch beim Navigieren in unebenem und unwegsamem Gelände gewährleistet wird. Rennräder haben steile Steuerrohrwinkel; diese ermöglichen nicht nur eine schnelle Manövrierfähigkeit, sondern dadurch sitzt der Fahrer auch weiter vorne, um aggressiver fahren zu können.

Die folgende Tabelle zeigt, wie die Winkel des Steuerrohrs variieren (die Unterschiede scheinen gering zu sein, aber sie machen einen großen Unterschied beim Fahrverhalten aus):

FAHRRAD-TYP	STEUER-ROHRWINKEL	FAHR-VERHALTEN
Profirennrad	73° oder steiler	aggressiv
Tourenrad	72°	↓
Gravelbike	71°	
Hybridrad/ Citybike	70° oder flacher	
Mountainbike	70° oder flacher	entspannt

4. Oberrohr

Dieses Rohr war ursprünglich horizontal oder fast waagerecht ausgerichtet; heutzutage neigt es sich vom Steuerrohr zum Sitzrohr nach unten, und dieser Neigungswinkel kann stark variieren. Deshalb sollten Sie die Oberrohrlängen bei verschiedenen Fahrrädern nicht vergleichen, sondern das Oberrohr mit Hilfe einer gedachten Horizontalen messen, und zwar von der Mitte des Sitzrohrs oder der Sattelstütze bis zur Mitte des Steuerrohrs. Dieses Maß ist entscheidend für die Wahl Ihres Fahrrads.

5. Nachlauf

Dies ist ein weiterer Schlüsselfaktor für das Fahrverhalten eines Fahrrads. Stellen Sie sich eine gerade Linie von der Mitte des Gabelschafts bis zum Boden vor; diese Linie ist die Lenkachse. Stellen Sie sich nun eine weitere Linie vor, die senkrecht von der Radmitte zum Boden abfällt und diesen an der Reifenaufstandsfläche (Reifenlatsch) berührt. Zwischen der Lenkachse und dem Reifenlatsch befindet sich

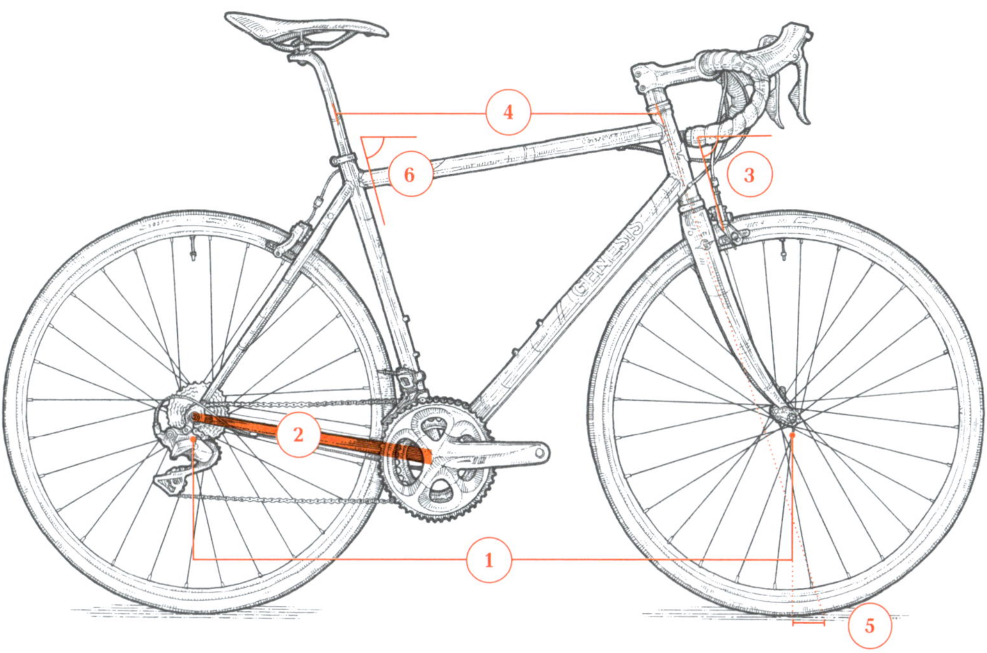

ein Abstand, der als Nachlauf bezeichnet wird: Bei den meisten Fahrrädern beträgt dieser Abstand zwischen 50 mm und 63 mm. Je größer er ist, desto stabiler ist das Bike: 57 mm gelten als günstiger Nachlauf zwischen Ansprechvermögen (kurzer Nachlauf) und Stabilität (langer Nachlauf) des Fahrrads.

6. Sitzrohrwinkel

Dieser Winkel bestimmt, wie weit Sie sich hinter den Pedalen befinden: je weiter hinten, desto entspannter sitzen Sie (denken Sie an einen Chopper). Wenn Sie jedoch näher zu den Pedalen sind, können Sie fester in dieselben treten und erzeugen mehr Kraft. Der Sitzrohrwinkel variiert nicht so stark wie der Steuerrohrwinkel und liegt normalerweise zwischen 71° und 75°, wobei ein steilerer Winkel ein aggressiveres Fahren erlaubt und eher typisch für Rennräder ist. Dieser Winkel ist jedoch nicht endgültig fixiert, sondern lässt sich variieren: Sie können den Sattel nach vorne über die Pedale (was Ihnen mehr Kraft verleiht) oder hinter die Pedale schieben (wodurch Sie entspannter sitzen).

Trapezrahmen („Damenrad" oder „Hollandrad")

Trapezrahmen (mit abgesenktem Oberrohr) wurden für Fahrerinnen entwickelt, die einen Rock tragen, daher auch „Damenrad". Diese Räder sind sehr praktisch, wenn Sie bequem auf- und absteigen und gerade sitzen möchten: Es hat daher die Form des klassischen Hollandrads. Durch seine Bauweise ist es instabiler als ein Rad mit normalem Rahmen, was bedeutet, dass die Rohre dicker sein müssen. Das macht es schwerer.

1.8 Kompatibilität von Rahmen und Bremse

Die Wahl des Rahmens bestimmt einige andere wichtige Aspekte. Bevor Sie eine endgültige Entscheidung treffen, vergewissern Sie sich, dass sich an dem Rahmen die von Ihnen gewünschten Bremsen anbringen lassen.

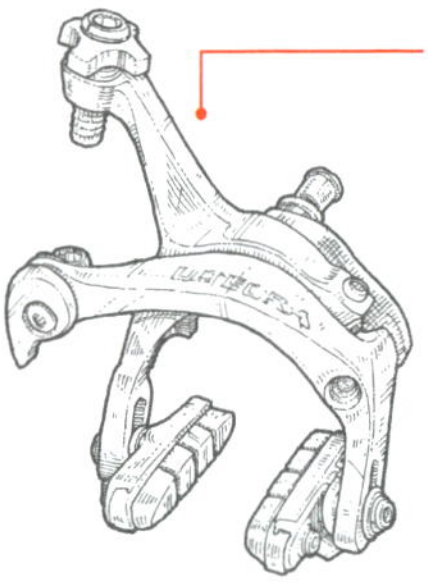

Felgenbremsen

Felgenbremsen (bei denen normalerweise ein Bremssattel dazu dient, die Bremsklötze aus Gummi beidseitig gegen die Radfelge zu drücken) waren lange die Norm und finden sich immer noch an vielen Renn- und Hybridrädern. Sie sind zuverlässig und effektiv – außer wenn es regnet. Felgen und Beläge werden durch den Regen glitschig, und es gibt nichts Schlimmeres, als im Straßenverkehr nicht schnell stoppen zu können, wenn es die Situation erfordert. Im Gelände stellen sie ein anderes Problem dar: Schlamm kann von den Reifen hochgeworfen werden, sodass die Bremssättel völlig verstopft werden. Auf der Straße funktionieren die Felgenbremsen jedoch meistens einwandfrei.

Scheibenbremsen

Mit dem Aufkommen des Mountainbiking wurden Bremsen erforderlich, die unter schlechten Bedingungen zuverlässig und stark genug für Abfahrten im Gelände waren. Zur Lösung dieses Problems wurden 1997 die ersten Scheibenbremsen auf den Markt gebracht. Scheibenbremsen sind sehr effektiv bei Nässe, außerdem lassen sich mit ihnen leichtere Felgen und breitere Reifen nutzen als mit Felgenbremsen; daher wurden sie auch für Rennräder eingeführt. Durch die Anbringung der Bremse in der Mitte des Rads (und nicht an der Felge) werden Rad, Gabel und Rahmen unterschiedlichen Kräften ausgesetzt. Alte Felgenbremsen lassen sich nicht einfach durch Scheibenbremsen ersetzen: Die Hersteller kennzeichnen scheibenkompatible Rahmen als solche. Wenn der Rahmenname die Bremse nicht erwähnt, ist der Rahmen passend für Felgenbremsen; dasselbe Prinzip gilt für Laufräder.

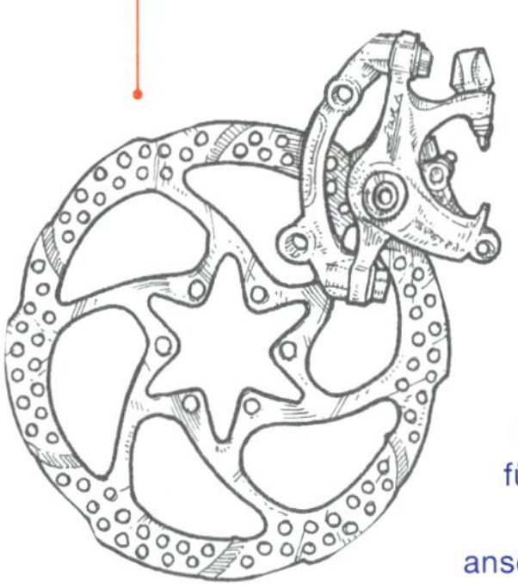

Wenn Sie sich einen Rahmen ansehen, können Sie das sofort erkennen – ein für Scheibenbremsen kompatibler Rahmen hat an der Verbindungsstelle von Sitz- und Kettenstrebe runde Vorsprünge, an denen der Bremssattel befestigt wird. Bei einer Felgenbremse ist dies nicht der Fall, und eine für Scheibenbremsen entsprechende Gabel weist ähnliche Befestigungspunkte auf der linken Seite auf. Sie sollten auch checken, ob der Rahmen mit einer Bremsscheiben-Aufnahme nach dem Flat- oder Postmount-Standard zur Befestigung der Bremssättel versehen ist. Die meisten neuen Rahmen haben Flatmounts (das bedeutet, die Bremssättel liegen bündig an Rahmen und Gabel an); einige ältere weisen Postmount-Aufnahmen auf (wobei sich die Bremssättel schrägstehend zwischen Rahmen und Gabel befinden). Prüfen Sie beim Kauf des Rahmens, welche Befestigungsmöglichkeit gegeben ist, und achten Sie darauf, dass die Bremsen passen. Alternativ sind Adapter erhältlich, mit denen sich Postmount-Bremsen an Rahmen mit einer Flatmount-Vorrichtung anbringen lassen (aber nicht umgekehrt). Hinsichtlich der Montage und der Nutzung gibt es kaum Unterschiede. Zu beachten ist auch, dass die Scheiben in vier Größen erhältlich sind: mit 140 mm, 160 mm, 180 mm oder 200 mm Durchmesser. Die Größe, die Sie benötigen, hängt von der Position der Halterungen am Rahmen ab. Prüfen Sie also vor dem Kauf, was zu Ihrem Rahmen passt.

1.9 Aufnahmen für Fahrradtaschen und Schutzbleche

Bei der Auswahl eines Rahmens sollten Sie darauf achten, dass er das tragen und transportieren kann, was Sie wollen, und prüfen Sie, ob er Montagevorrichtungen für den Gepäckträger und die Schutzbleche hat.

Gepäckträgerösen

Wenn Sie eine Tour, einen Einkaufsbummel oder ein Wochenende mit dem Fahrrad planen, benötigen Sie einen Gepäckträger, und das wiederum bedeutet, dass Ihr Rahmen bestimmte Stellen aufweisen muss, an denen Sie ihn befestigen können. Schauen Sie nach, ob unten an den Sitzstreben Ösen angebracht sind; reine Rennräder haben diese nicht, dafür aber Tourenräder, Gravelbikes und vielseitigere Rahmen. Normalerweise befinden sich auch oben an der Sitzstrebe Befestigungspunkte, wenn nicht, keine Sorge – ein Gepäckträger kann trotzdem montiert werden. Ein spezielles Tourenrad hat auch an der Vordergabel Befestigungsösen.

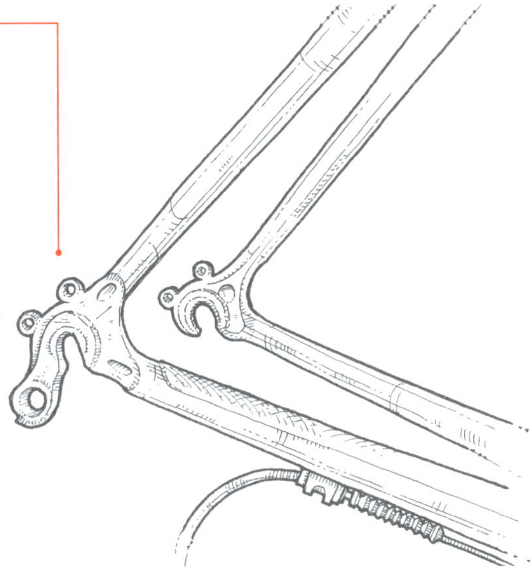

Schutzblechaufnahmen

Auch Schutzbleche benötigen Ösen an der Vordergabel und an den Sitzstreben (Fahrradtaschen und Schutzbleche können sich normalerweise eine Öse teilen, wenn Sie nur eine auf jeder Seite haben). Viele Radfahrer, so auch der Autor dieses Buches, ziehen es vor, ohne Schutzbleche zu fahren, da sie nur zusätzliches Gewicht bedeuten und für mehr Ärger sorgen, als sie wert sind. Wenn Sie jedoch in Gruppen auf nassen Straßen oder in Kleidung fahren, die sauber bleiben soll, sind Schutzbleche zu empfehlen.

1.10 Gabeln und Stoßdämpfer

Ein hochwertiger Rahmen und gut aufgepumpte Reifen sorgen auf den meisten Straßen für einen guten Fahrkomfort. Braucht man auch Stoßdämpfer?

Mountainbikes haben große Stoßdämpfer an den Vordergabeln, manche auch ein Federungssystem für das Hinterrad. Wollen Sie mit Ihrem Rad auf Waldwegen und steinigen Pfaden und dabei auch schnell bergab fahren oder Sprünge machen, dann ist dies das richtige Modell für Sie: Also, bauen Sie ein Mountainbike! Für die, die meistens auf der Straße fahren, sind Stoßdämpfer nicht nötig.

Der Vorteil von Dämpfern besteht darin, dass sich das Laufrad im Verhältnis zum Rahmen bewegt: Je länger der Hub, desto mehr Stöße können sie absorbieren. Die größten Nachteile sind Gewicht und Kosten: Die meisten stoßdämpfenden Gabeln wiegen mehr als 2 kg – damit sind sie zwei- bis dreimal so schwer wie normale Stahl- oder Carbongabeln. Da sie aus wesentlich mehr Teilen bestehen, sind sie auch teurer, erfordern mehr Wartung und beeinträchtigen das Fahr- und Lenkverhalten, insbesondere beim Bremsen und Wenden mit hoher Geschwindigkeit. Dafür bieten sie eine bequemere Fahrt über Kopfsteinpflaster und Bordsteinkanten.

Kleinere hintere Stoßdämpfer werden bei sehr hochwertigen Carbonrahmen für Rennräder und Gravelbikes immer gängiger. Sie wiegen weniger als die vorn angebrachten Dämpfer, und mit nur einem Bruchteil des Hubs absorbieren sie Vibrationen und sorgen so für ein bequemes Fahren.

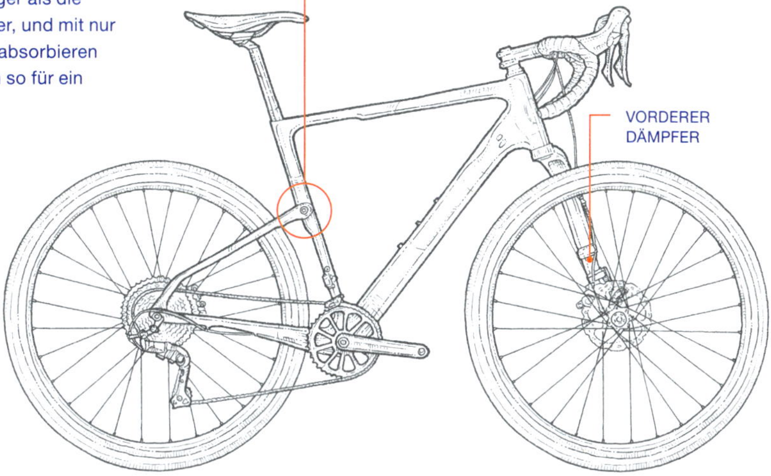

Ein solches Mountainbike verfügt über Stoßdämpfer mit langem Hub für Vorder- und Hinterräder, mit denen das Fahrrad den Stoß einer harten Landung absorbieren kann.

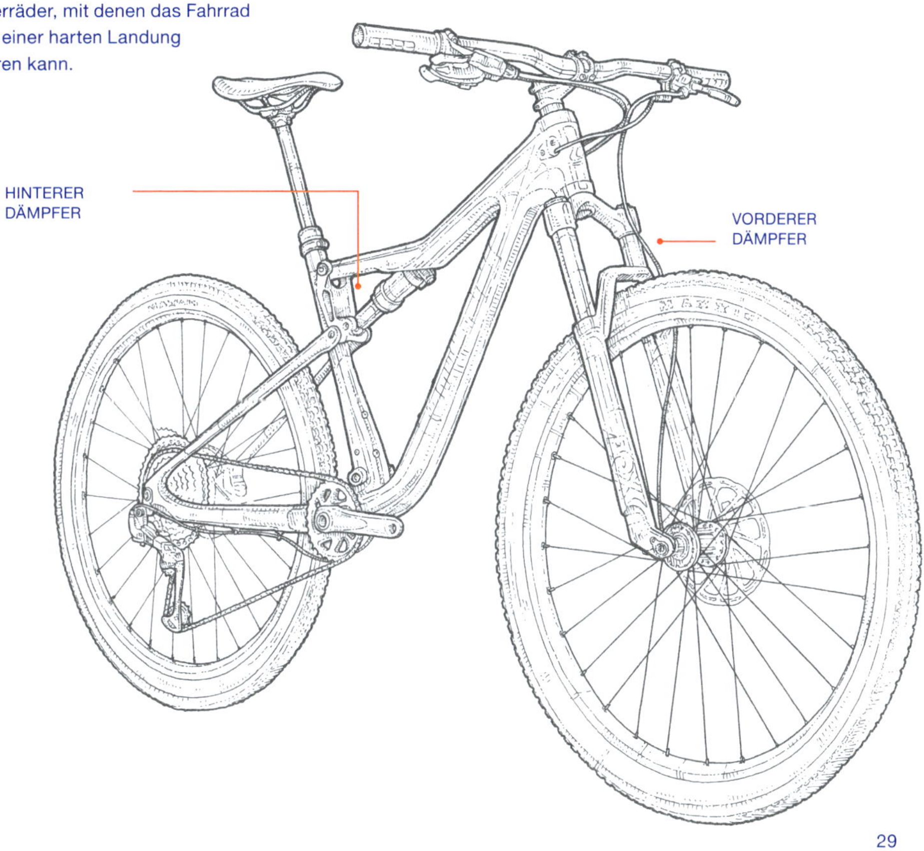

1.11 Die Wahl des Lenkers

Lenker sind sehr einfache Bauteile, aber sie wirken sich erheblich auf die Fahrqualität aus, daher sollten Sie vor dem Kauf über ihre Größe und Form nachdenken.

Einfach gesagt haben Sie wahrscheinlich die Wahl zwischen geraden (oder fast geraden) Lenkern (auch Flat-bars genannt) und Bügellenkern (sogenannte Drop-bars wie Rennlenker), aber es gibt auch andere Arten, die sich für ein spezielles Fahren eignen. Fast alle Lenker bestehen entweder aus Aluminium oder Carbon; es gibt keinen großen Unterschied im Gebrauch oder im Gewicht, Carbon ist nur in der Regel teurer.

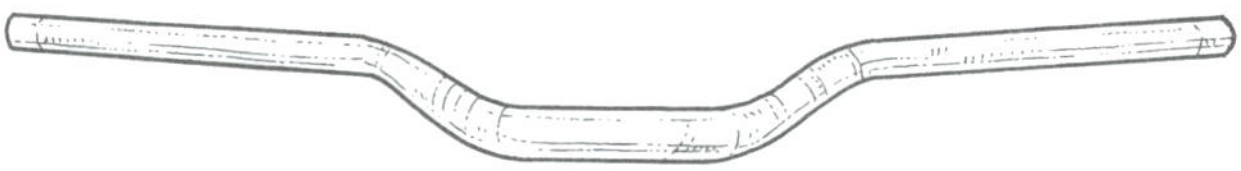

Riser-bars

Diese sind breiter als Drop-bars und bieten mehr Stabilität im Gelände oder wenn Sie etwas Schweres zu transportieren haben, deshalb sind sie typisch für Mountainbikes. Ihre Breite variiert zwischen 740 mm und 800 mm; je breiter sie sind, desto stabiler sind sie. (Fahrräder mit solch breiten Lenkern sind schwieriger abzustellen oder durch Verkehrslücken zu steuern.) Die Lenkung ist präzise, und das Anbringen von Lenkertaschen und -trägern ist einfach; montieren Sie Bremsgriffe, Schalthebel und Griffe für Flat-bars. Sie bieten zwar nur eine Fahrposition, aber dafür ist sie bequem.

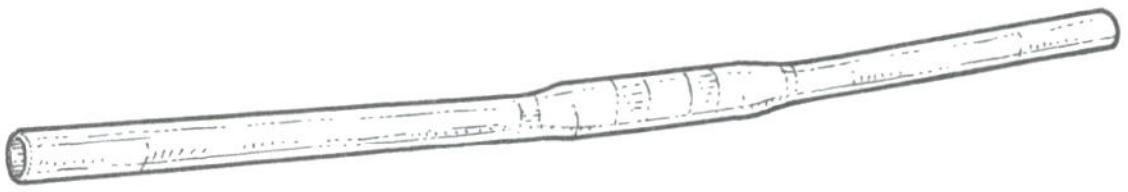

Flat-bars

Sie vermitteln ein ähnliches Fahrgefühl wie Riser-bars, aber da sie (fast) ganz gerade sind, befinden sich die Handgelenke in einer etwas unbequemen Position. Sie variieren in der Breite von circa 740 mm bis 800 mm; hier lassen sich Bremsgriffe, Schalthebel und Griffe für Flat-bars anbringen.

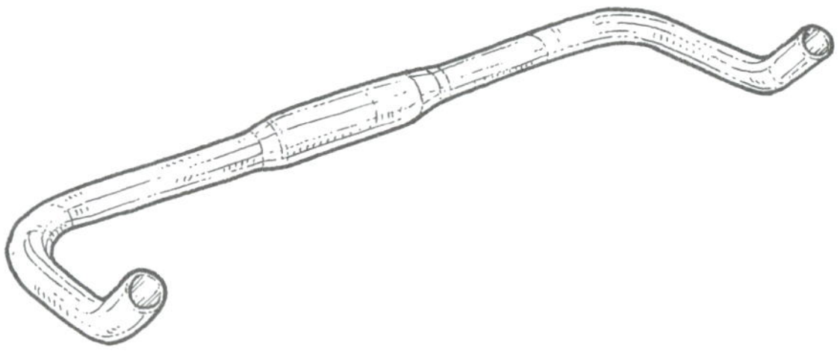

Bullhornlenker

Ihre Form ist unverwechselbar, Bullhorns krümmen sich an den Enden nach vorn und nach oben, und man kann leicht eine aerodynamische Haltung einnehmen. Entscheiden Sie sich für diesen Lenker, wenn schnelles Fahren und kräftiges „Klettern" in den Bergen wichtig für Sie sind und Sie sich nicht daran stören, beim Fahren nur wenige Körperhaltungen einnehmen zu können. Stellen Sie ihn so ein, dass er etwas unterhalb des Sattels liegt, und bringen Sie die Bremsgriffe und Schalthebel an den Enden des Lenkers an.

Drop-bars

Drop-bars, oder Rennlenker, sorgen nicht nur für eine gute Aerodynamik, sondern ermöglichen auch viele Fahrpositionen, damit Sie sich auf einer langen Fahrt wohlfühlen. Rennlenker haben ein relativ schmales Profil, nehmen wenig Platz ein, und außerdem können Sie sich damit leicht durch enge Lücken zwängen. Die Lenker haben eine Breite von etwa 380 mm bis 440 mm; wenn Sie breite Schultern haben, ist ein breiterer bequemer für Sie, der Ihnen dann auch im Gelände einen besseren Halt bietet. Montieren Sie Bremsgriffe und Schalthebel für Drop-bars.

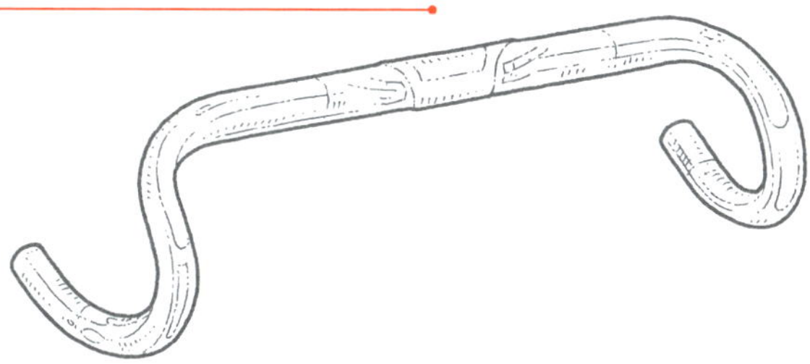

Drop-bar-Lenker mit ausgestelltem Unterlenker („Flare“)

Hier schert der Unterlenker etwas nach außen aus, um dem Fahrer mehr Halt zu geben. Diese Art des Lenkers ist beliebt bei Gravelbikes, die häufiger im Gelände gefahren werden. Montieren Sie Bremsgriffe und Schalthebel für Flat-bars, aber achten Sie darauf, wie Sie sie positionieren, da sich durch die Öffnung nach außen die Brems- und Schalthebel ganz anders in den Händen anfühlen.

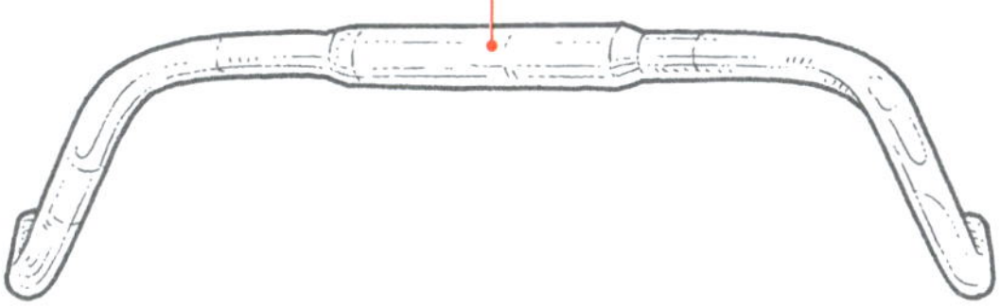

Aero-Lenker

Ideal geeignet für aerodynamisches Fahren, schlecht bei Anstiegen und schrecklich für das Fahren durch den Verkehr. Diese Lenker sind ausschließlich für Radrennen gedacht und auch dann nicht für Mannschaftsrennen, sondern eher fürs Einzelzeitfahren.

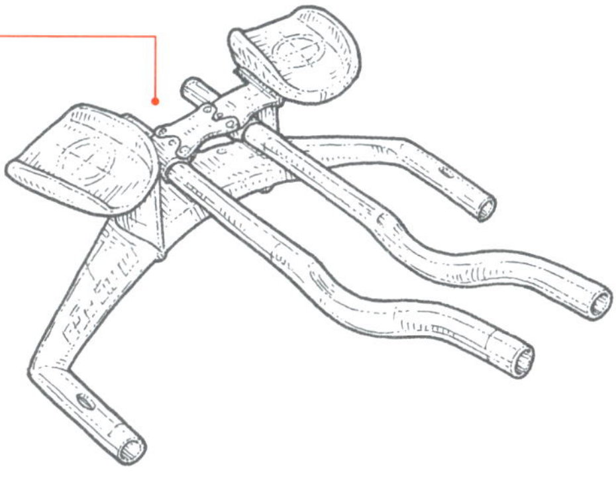

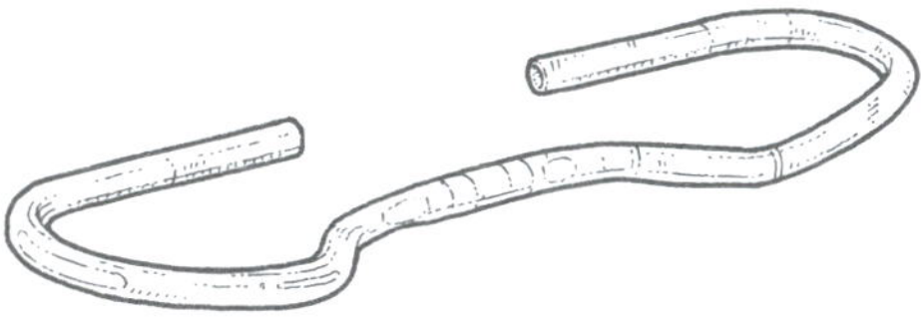

Butterfly-Lenker

Sie sehen zwar plump aus, kommen aber bei Radtouren voll zur Geltung. Diese Lenker bieten viel Platz für Lampen, Taschen, Telefon- und Flaschenhalterungen; außerdem erlauben sie verschiedene Positionen, die es für Schultern, Handgelenke und Rücken bequemer machen. In der Regel sind Schalthebel und Bremsgriffe für Flatbars angebracht.

TIP: Wenn Sie sich für die Form und Länge Ihres Lenkers entschieden haben, überprüfen Sie dessen Rohrdurchmesser.

1.12 Die Laufräder

Nach dem Rahmen sind die Räder die wichtigsten Teile des Fahrrads: Nichts anderes macht einen so großen Unterschied darin, wie schnell und komfortabel sich Ihr Bike fahren lässt.

Die Qualität der Fahrräder, die Sie im Laden sehen, wird oft durch die eingebauten Laufräder geschmälert. Einer der Hauptvorteile beim Bau Ihres eigenen Fahrrads ist, dass Sie auf leichteren, stärkeren und schneller laufenden Rädern fahren können, als Sie es sonst täten. Wie immer können Sie ein Vermögen für federleichte High-End-Räder ausgeben, aber Sie bekommen auch sehr gute preiswerte Laufräder.

Da Laufräder mit der Zeit Verschleißerscheinungen zeigen, sollten Sie sie neu kaufen. Felgen der Spitzenklasse können aus leichtem und festem Carbon bestehen, aber für die meisten Fahrer bietet eine gute Leichtmetallfelge ein besseres Preis-Leistungs-Verhältnis. Stahlfelgen sind schwer, aber robust; sie sind tatsächlich eine Überlegung wert, wenn Sie ein stabiles Fahrrad haben wollen, keinen großen Wert auf Geschwindigkeit legen und nicht vorhaben, Steigungen damit „hochzuklettern". Die meisten neuen Laufräder werden mit Freilaufnaben, Ersatzspeichen und ggf. passenden Vorrichtungen für Scheibenbremsen angeboten. Grundsätzlich gilt es, Folgendes zu bedenken:

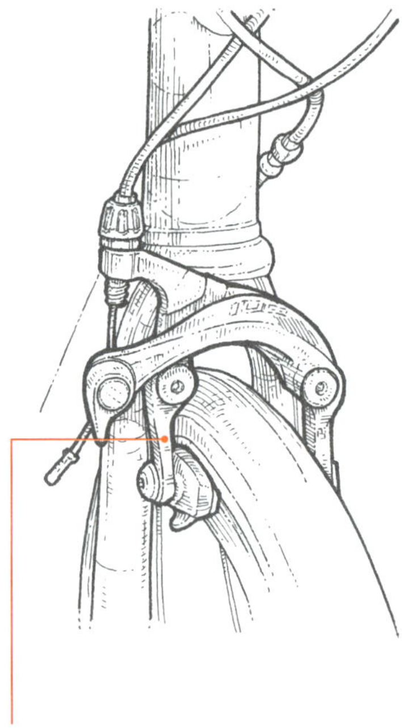

Bremsen
Felgenbremsen und Scheibenbremsen stellen verschiedene Anforderungen an die Räder, die dementsprechend je nach Bremssystem unterschiedlich gebaut sind. Ein Rad ist daher entweder passend für Scheiben- oder Felgenbremsen – es kann nicht beides sein.

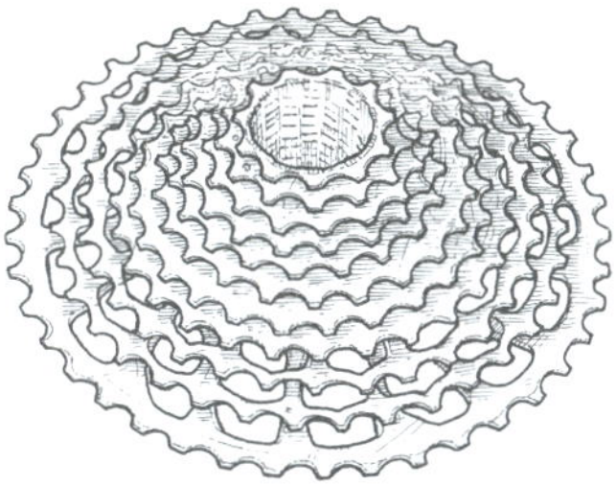

Freilauf mit Kassette oder Schraubkranz

Die meisten Hinterräder werden mit einer Freilaufnabe geliefert, auf die die Ritzel der Kassette aufgeschoben und durch einen Verschlussring fixiert werden. Das ist eine erhebliche Verbesserung gegenüber dem lange serienmäßig üblichen Freilauf mit Schraubkranz, bei dem die Nabe ein Gewinde hat, auf das das Ritzelpaket aufgeschraubt wird. Man unterscheidet also zwischen Kassetten und Schraubkränzen, erstere werden aufgesteckt, letztere aufgeschraubt. Freiläufe mit Kassette sind einfacher abzumontieren und zu warten; darüber hinaus bieten sie mehr Flexibilität und sind der Standard bei den heutigen Schaltgruppen.

Kompatibilität der Freilaufkörper

Neue Laufräder werden in der Regel mit einem Freilauf geliefert, der mit 8-, 9- oder 10-fach-Kassetten kompatibel ist: Wenn Sie eine 11-fach-Kassette montieren wollen, benötigen Sie auch einen 11-fach-Freilaufkörper. Ein Problem hinsichtlich der Kompatibilität besteht darin, dass die Freilaufkörper von Campagnolo auch nur mit Kassetten von Campagnolo bestückt werden können, wohingegen die Kassetten und Freilaufkörper von SRAM und Shimano untereinander kompatibel sind. Sie sollten jedoch beim Kauf oder bei der Bestellung darauf achten, dass Sie den korrekten Freilauf für die Schaltgruppe angeben, die Sie einbauen möchten. Im Allgemeinen erleichtert die Wahl eines Shimano-Systems den Bau sowie die Wartung und die Reparatur des Fahrrads, da immer mehr Fahrradgeschäfte Shimano-Komponenten auf Lager haben (weitere Informationen dazu s. S. 35).

Raddurchmesser

Die Radgröße wird in der Regel in Zoll (bei aufgezogenen Reifen) angegeben, manchmal ergänzend auch in Millimetern. Die meisten Renn-, Touren-, Cyclocrossräder und Gravelbikes sind mit 29-Zoll-Rädern (700C) ausgestattet, und in dieser Größe finden Sie die größte Auswahl an Rädern. Wenn Sie bei Ihrem Bau einen Rennradrahmen verwenden, Sie aber gerne im Gelände unterwegs sind, sollten Sie 26-Zoll-Laufräder (650C) als mögliche Alternative in Betracht ziehen, da sich darauf in der Regel dickere Reifen aufziehen lassen; viele Gravelbikes sind mit 26-Zoll-Rädern ausgestattet.

BEZEICHNUNG	BESCHREIBUNG	BREITE	NORM
700C	Fast alle Renn- und Cyclocrossräder sind damit ausgestattet und im Durchmesser identisch mit einem 29-Zoll-Mountainbike.	Bis zu 45 mm	ISO 622
650B	Eine etwas kleinere Alternative für Gravelbikes, sodass dickere Reifen aufgezogen werden können; identisch mit einem 27½-Zoll-Moutainbike-Laufrad.	Bis zu 50 mm	ISO 584
29"	Auch bekannt als „29er“, die größten Laufräder für Mountainbikes; werden üblicherweise eher für Cross-Country als für Sprünge oder Abfahrten verwendet.	50 mm +	ISO 622
27½"	Ein Mountainbike-Laufrad mittlerer Größe mit dem gleichen Durchmesser wie ein 650B.	50 mm +	ISO 584
26"	Traditionell die beliebteste Größe für Mountainbikes, aber zu klein für Rennrad- oder Cyclocrossrahmen. Der kleinere Durchmesser macht das Rad leichter und bietet eine schnellere Beschleunigung und bessere Wendigkeit auf Kosten der Stabilität.	50 mm +	ISO 559

Anzahl der Speichen

Auch wenn sonst alles gleich ist – ein Rad mit mehr Speichen ist robuster, aber schwerer als ein Rad mit weniger Speichen. Ebenso macht die Qualität der Bauart einen wesentlichen Unterschied aus; die Anordnung der Speichen ist nicht immer gleich und hängt vom Bremssystem ab.

Bei Vorderrädern mit Felgenbremsen können die Speichen radial angeordnet sein (die Speichen verlaufen gerade von der Nabe zur Felge, ohne sich zu kreuzen), mit nur 18 Speichen, die aber für ihr Gewicht eine große Festigkeit bieten. Hinterräder und Räder mit Scheibenbremsen müssen Speichen haben, die sich gleich einem Schnürmuster überkreuzen; dadurch können sie das Drehmoment bewältigen, das zwischen der Brems- oder Pedalkraft an der Nabe und der Felge entsteht. Je öfter eine Speiche eine andere gemäß diesem Schnürmuster überkreuzt, desto stabiler ist das Rad.

Für die meisten Fahrer sollten 28 bis 36 Speichen genug Stabilität bieten. Manchmal weisen die Hinterräder mehr Speichen auf als die Vorderräder, um die zusätzliche Belastung und Beanspruchung auszugleichen.

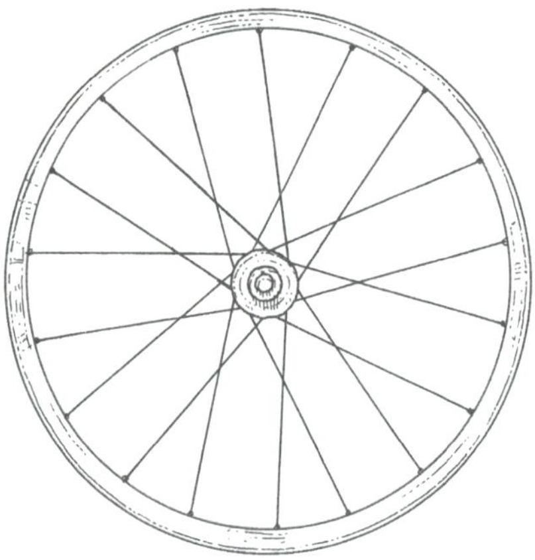

Ein leichtes Hinterrad eines Rennrads mit 21 Speichen, die sich jeweils zweimal überkreuzen.

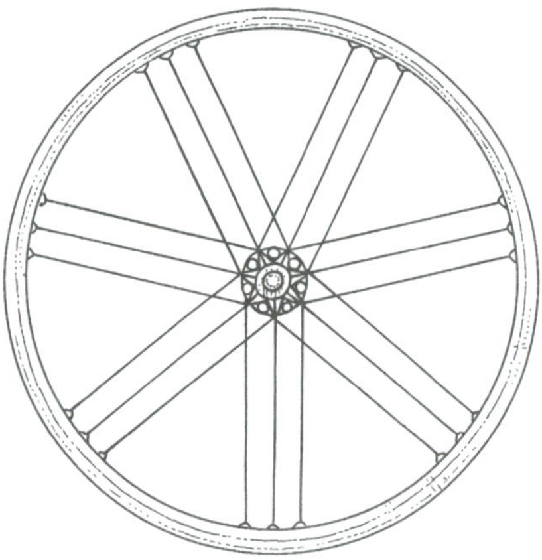

Ein markantes Hinterrad mit 21 Speichen.

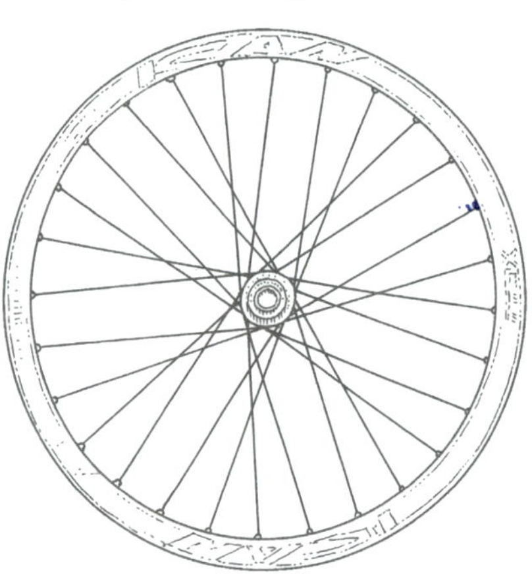

Ein Hinterrad mit 28 Speichen, die jeweils viermal gekreuzt werden.

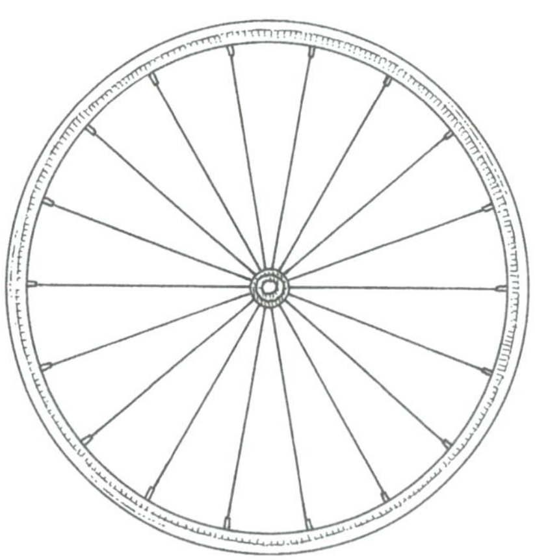

Ein leichtes Vorderrad mit 18 radial angeordneten Speichen (nur für Felgenbremsen).

Felgenbreite

Ein weiterer Faktor, der davon abhängt, wo und mit welchen Reifen Sie fahren wollen, ist die Felgenbreite. Ob Sie nun Drahtreifen oder schlauchlose Reifen (Tubeless) aufziehen, die Passform zwischen Felge und Reifenwulst muss sehr eng sein. Daher erfordern schmale Felgen schmalere Reifen und breite Felgen breitere Reifen. Auf die meisten Felgen, mit denen hauptsächlich auf der Straße gefahren wird, passt ein Reifen, der 23 mm bis 28 mm, maximal 32 mm breit ist. Wenn Sie breitere Reifen wünschen – was empfohlen wird, wenn Sie im Gelände fahren wollen –, sollten Sie es mit schmalen 29er-Felgen oder speziellen Cyclocross- oder Gravelbike-Felgen versuchen.

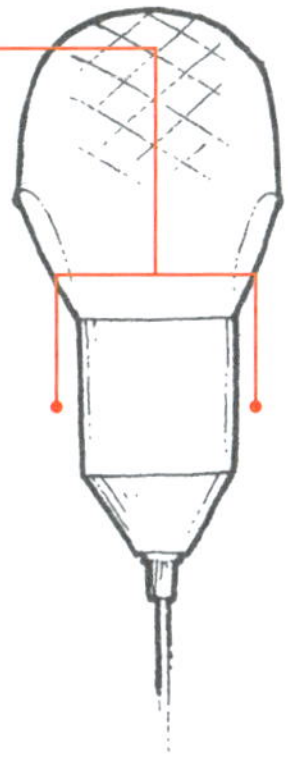

Drahtreifen oder Tubeless-Reifen?

Viele Jahre lang waren Drahtreifen (mit separatem Schlauch und Außenreifen) die Norm, heutzutage sind Tubeless-Reifen (nur mit Außenreifen) sehr beliebt. Achten Sie darauf, dass Ihr gewählter Satz Laufräder mit den Reifen, die Sie darauf aufziehen wollen, kompatibel ist.

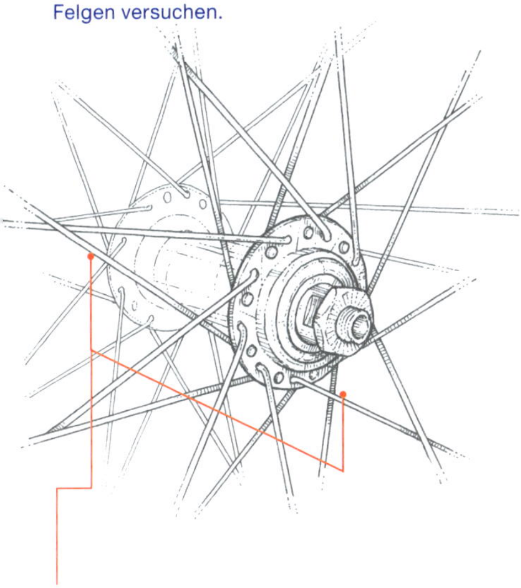

Achsbreite/-abstand

Die Achse muss die gleiche Breite haben wie der Abstand zwischen den Ausfallenden an Rahmen und Gabel. Fast alle neuen Vorderradgabeln haben einen Standardabstand von 100 mm, die Hinterachsen sind breiter, wobei 130 mm die Norm für Rennräder mit Felgenbremsen und 135 mm für Scheibenbremsen sind; ältere Rahmen und Gabeln können von diesen Abmessungen abweichen. Wenn Sie also ein Fahrrad restaurieren, sollten Sie den Abstand (zwischen den Innenseiten der Ausfallenden) von Hand messen, bevor Sie Laufräder bestellen.

Campagnolo versus Shimano und SRAM

Wahrscheinlich ist Ihr Fahrrad mit Komponenten von mindestens einem dieser Hersteller ausgestattet, sie sind die Marktführer für Fahrradschaltungen. Es lohnt sich, jede Marke zu prüfen, bevor man sich entscheidet. Alle stellen Komponenten her mit einer breiten Preispalette, wobei die Preise ihrer führenden Komplettgruppen (s. S. 36) ähnlich hoch sind.

Campagnolo ist der Aristokrat unter den Herstellern: Ein italienisches Unternehmen mit langer, glorreicher Geschichte. Die Firma konzentriert sich hauptsächlich auf Rennradteile und stellt Komponenten her, die elegant und leistungsstark, aber manchmal auch etwas eigenwillig sind. Für den Ein- und Ausbau der Teile sind mitunter spezielle Campagnolo-Werkzeuge erforderlich, die ihrerseits teuer sein können.

Shimano ist der weltweit bekannte Gigant. Mit einem riesigen Sortiment, das viele preiswertere Teile umfasst, ist Shimano überall präsent und für die Zuverlässigkeit seiner Teile bekannt. Das Design ist zwar funktioneller und weniger elegant als das von Campagnolo, aber die Vielfalt seines Angebots bedeutet, dass fast jedes Rad mit einem Teil von Shimano ausgestattet ist.

SRAM ist der aufstrebende Newcomer, der aus dem Mountainbike-Bereich kommt und oft sehr innovative Teile herstellt. Mit dem patentierten DoubleTap®-Schaltprinzip zum Beispiel kann der Fahrer mit nur einem Hebel die Gänge hoch- und runterschalten. Viele der Komponenten sind mit Shimano-Systemen kompatibel, wodurch sie einfacher zu verbauen, aber, wie Campagnolo, nicht billig sind.

1.13 Was umfasst eine Komplettgruppe?

Während der Rahmen Ihr Fahrgefühl bestimmt, sind es die mechanischen Teile, mit denen Sie das Tempo bestimmen. Zusammengenommen werden die Bremsen, die Kette, der Kurbelsatz, die Kettenschaltung, die Kassette und die Bremsschalthebel als Komplettgruppe bezeichnet (oder englisch als „Groupset").

Die drei größten Hersteller von Komplettgruppen sind Campagnolo, Shimano und SRAM: Sie alle bieten eine Reihe von Komplett- bzw. Schalt- und Bremsgruppen an, die von recht teuer bis zu horrend teuer reichen. Das obere Ende der Preisskala ihres Sortiments richtet sich an Rennfahrer, die großen Wert auf kleinste Gewichtseinsparungen legen. Den meisten von uns geht es jedoch mehr um Zuverlässigkeit und ein gutes Preis-Leistungs-Verhältnis. Erfreulicherweise sind die Komplettgruppen der Einstiegsklasse aller drei Hersteller ausgezeichnet, sie unterscheiden sich kaum hinsichtlich Qualität, Gewicht oder Preis.

Mit dem Kauf einer neuen Komplettgruppe gewährleistet man, dass alle benötigten Teile kompatibel sind. Es ist jedoch möglich, eine solche Gruppe aus zweiter Hand zu bekommen oder aus Teilen zusammenzustellen, ohne dass Ihre Fahrqualität darunter leidet. Die einzigen Teile der Schalt- und Bremsgruppe, die sich zwangsläufig abnutzen, sind die Kette, das Kettenblatt (am Kurbelsatz) und die hinteren Ritzel (oder Kassette). Wenn die anderen Teile sauber und trocken gehalten und regelmäßig geschmiert werden, sollten sie jahrzehntelang halten.

1. Derailleur, Mech, Umwerfer und Schaltwerk

Wie viele andere Begriffe des Radsports ist auch der Begriff „derailleur" französischen Ursprungs, wörtlich bedeutet er „Entgleiser", wurde bereits 1889 geprägt und wird allgemein verstanden. In englischsprachigen Ländern wird zum Teil alternativ das einfachere Wort „mech" verwendet. In Deutschland sagt man Umwerfer (für die vorderen Kettenblätter) oder Schaltwerk (am Hinterrad).

Das erste Kompatibilitätsproblem besteht zwischen den Bremsschalthebeln und dem Schaltwerk: Die Schaltmechanik muss übereinstimmen, sodass ein Klick auf den Schalthebel eine Bewegung um einen Gang nach oben oder unten bedeutet. Die Anzahl der Gänge (zwischen 8 und 12 auf dem hinteren Schaltwerk) muss ebenfalls gleich sein. Zudem muss gewährleistet sein, dass die Kette für die Anzahl der Ritzel auf der hinteren Kassette geeignet ist. Im Großen und Ganzen sind die Marken von Bremsen, Kurbelsätzen und Umwerfern gegeneinander austauschbar, auch wenn die großen Hersteller es vorziehen würden, dass man nicht so denkt; einige der besten Scheibenbremsen wiederum kommen von anderen Firmen. Eines der in diesem Buch vorkommenden Fahrräder ist ein Sammelsurium von gebrauchten Campagnolo- und Shimano-Teilen, die gut zusammenarbeiten; das andere ist mit einer Komplettgruppe von SRAM ausgestattet, gepaart mit Bremsen von TRP Spyre, und das Rad funktioniert ebenso zuverlässig.

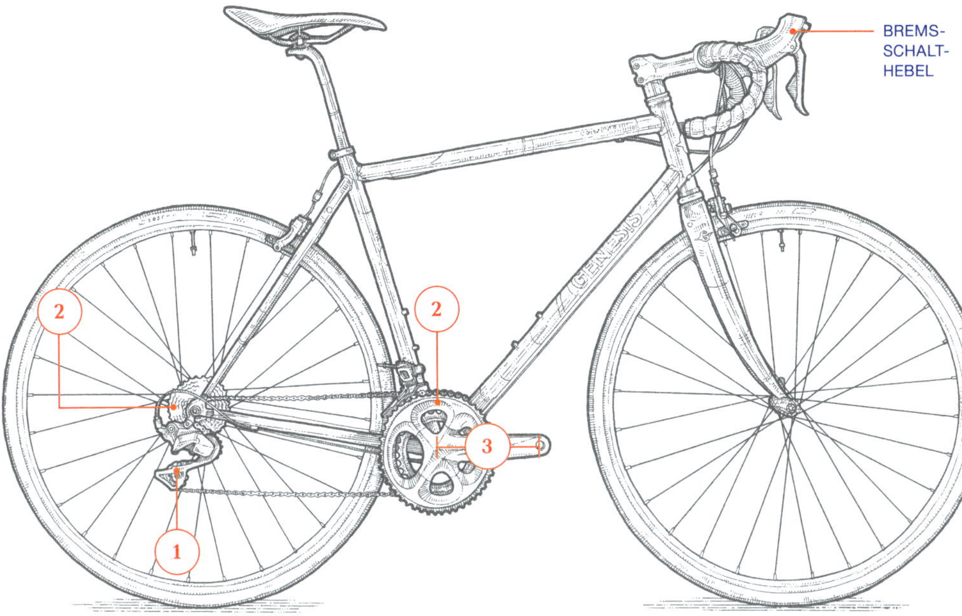

2. Zahnräder oder Ritzel?

Oft werden das Kettenblatt und die Kassette als „Zahnräder" bezeichnet, aber das ist eine ungenaue oder gar falsche Bezeichnung: Zahnräder sind kreisförmige Teile, die in andere Zahnräder greifen – wie die beweglichen Teile in einem Uhrwerk. Die korrekte Bezeichnung für ein Metallrädchen, das von einer Kette in Bewegung gesetzt wird, ist „Ritzel". Die Begriffe „Kurbelsatz" und „Kettenblattgarnitur" hingegen werden oft synonym verwendet.

3. Kurbellänge

Die Länge der Kurbeln variiert von 160 mm bis zu ca. 185 mm (gemessen von der Mitte der Tretlagerachse bis zur Mitte der Pedalachse), obwohl die der meisten im Bereich zwischen 160 mm und 180 mm liegen. In der Regel werden 175-mm-Kurbeln für größere Fahrräder und 165-mm- oder 170-mm-Kurbeln für kleinere Modelle verwendet. Innerhalb dieses Bereichs sind längere und kürzere Kurbeln hinsichtlich der Kraftübertragung etwa gleich effizient. Ein kürzerer Kurbelarm beansprucht jedoch weniger Ihre Gelenke.

Elektronische Schaltung

Die führenden Hersteller bieten im Rahmen ihrer Komplettgruppen auch elektronische Schaltungen an, die jedoch mit zum Teuersten gehören, was es an Fahrradzubehör gibt. Hierbei wird die Kettenschaltung auf Knopfdruck und nicht durch das Drücken eines Hebels betätigt. Die Schaltvorgänge sind schneller und präziser, die Steuerung lässt sich Ihrem Fahrstil anpassen, und Sie können mehrere Bedienelemente anbringen, sodass Sie problemlos schalten können, ganz gleich in welcher Körperhaltung Sie gerade fahren. Zweifellos bietet diese Technologie genau die Vorteile, die Radrennfahrer unwiderstehlich finden. Ebenso zweifellos hat sie aber auch ihren Preis. Deshalb, und weil sie leicht gestohlen werden können, werden elektronische Schaltungen in diesem Buch nicht berücksichtigt.

1.14 Kassette und Kettenblattgarnitur

Die vorderen Kettenblätter und die hinteren Ritzel haben eine unterschiedliche Anzahl von Zähnen, die großen Einfluss auf das Fahrverhalten haben. Sie sollten daher genau überlegen, für welche Zwecke Sie Ihr neues Bike benutzen wollen, bevor Sie eine Entscheidung treffen.

Die meisten Fahrräder haben am Kurbelsatz mehrere Kettenblätter und einen Umwerfer installiert. Bevor Sie sich für eine Kassette und einen Kurbelsatz entscheiden, vergewissern Sie sich zunächst, dass die Anzahl der Ritzel vorne und hinten mit Ihrem Umwerfer bzw. Schaltwerk kompatibel ist. Dann überlegen Sie, für welche Zwecke Sie Ihr Fahrrad nutzen wollen.

Ein breites Angebot für anspruchsvolle Fahrten

Werden Sie mit Ihrem Rad Steigungen „hochklettern", schwere Lasten transportieren oder bei schlechtem Wetter lange Fahrten unternehmen? In diesem Fall sollten Sie sich für eine hintere Kassette mit einem großen Übersetzungsbereich und ein oder zwei niedrigen Gängen (größere Ritzel) entscheiden, sodass Sie für alle Situationen das jeweils passende Übersetzungsverhältnis haben. Wählen Sie eine Kassette mit 11 oder 12 Zähnen auf dem kleinsten Ritzel und 29 oder mehr Zähnen auf dem größten (z. B. eine Kassette mit 11 bis 32 oder 12 bis 29 Zähnen).

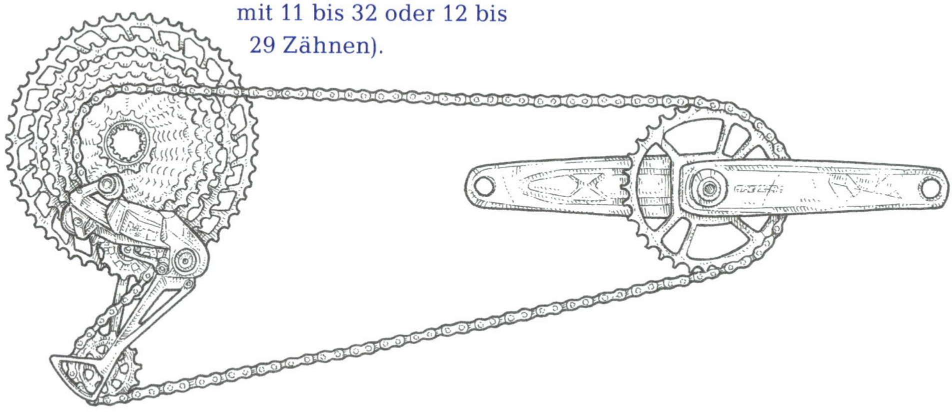

Eine Schaltgruppe mit einem Kettenblatt und einer hinteren Kassette mit vielen unterschiedlichen Ritzeln, einschließlich eines großen Ritzels mit 50 Zähnen, das für einen äußerst niedrigen Gang bei steilen Anstiegen sorgt.

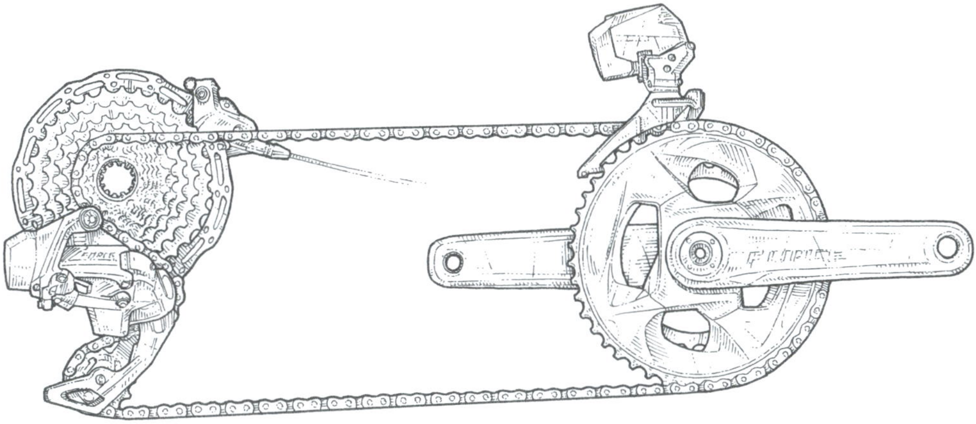

Eine High-End-Schaltgruppe mit zwei Kettenblättern am Kurbelsatz und einer hinteren Kassette mit kleinem Übersetzungsbereich.

Kleiner Übersetzungsbereich für schnelles Fahren

Wenn Sie eher flache Strecken ohne Gepäck fahren oder mehr Wert auf Geschwindigkeit und sportliche Leistung legen, dann bietet Ihnen eine Kassette mit einem eng gestaffelten Bereich hoher Gänge (kleinere Ritzel) ein Fahrrad, mit dem Sie leichter schnell fahren können und bei dem ein hoher Gang Ihrer bevorzugten Trittfrequenz entspricht. Sollten Sie einen engen Bereich höherer Gänge wünschen, besorgen Sie sich eine Kassette mit 11 Zähnen auf dem kleinsten Ritzel und 25 bis 29 Zähnen auf dem größten (z. B. mit 11 bis 25 oder 1 bis 27 Zähnen).

Kompatibilität von Kassette und Umwerfer

Das Schaltwerk muss mit der von Ihnen gewählten Kassette kompatibel sein: Eine größere Bandbreite an Gängen erfordert ein Schaltwerk mit längerem Käfig, daher gibt es sie in drei Größen: kurz, mittel und lang.

1.15 Die Ketten

Sie benötigen auf jeden Fall eine neue Kette, egal ob Sie ein altes Fahrrad restaurieren oder ein neues bauen, denn sie nutzt sich schneller ab als jedes andere Teil. Wenn Sie nicht absolut sicher sind, dass die Kette sauber ist, auf die Blätter und Ritzel passt und nur selten benutzt wurde, lohnt sich eine gebrauchte Kette nicht.

Welche Kette?

Zuerst müssen Sie sich vergewissern, dass die Kette mit Ihrer ausgesuchten Gangschaltung funktioniert. Der entscheidende Faktor ist die Anzahl der Ritzel in Ihrer Kassette oder Ihrem Schraubkranz.

RITZEL	MARKE	KETTE
6/7/8 (oder weniger))	Irgendeine	Jede 6/7/8-Speed Chain
9	Shimano oder SRAM	Jede 9-Speed Chain von Shimano oder SRAM
10	Campagnolo	10-Speed Chain von Campagnolo, KMC, Wippermannn
10	Shimano oder SRAM	10-Speed Chain von Shimano, SRAM, KMC, Wippermann
11	Campagnolo	11-Speed Chain von Campagnolo, KMC, Wippermann
11	Shimano oder SRAM	11-Speed Chain von Shimano, SRAM, KMC, Wippermann

Länge der Kette

Der andere Faktor ist die Kettenlänge. Die meisten Ketten haben 114 oder 116 Glieder, was für die meisten Fahrräder ausreicht. Wenn Sie jedoch einen großen oder extragroßen Rahmen sowie ein Schaltwerk mit langem Käfig verwenden und große Ritzel montieren, ist die Kette möglicherweise nicht lang genug – das gilt insbesondere für das Single-Kettenblatt-System der 1x-Gruppen von SRAM bei großen Fahrrädern. Wenn das der Fall ist, kaufen Sie zwei identische Ketten, sodass Sie einige Glieder von der einen Kette auf die andere versetzen können. Die Ersatzkette sollte in sauberem Zustand aufbewahrt werden, damit Sie ihr bei Bedarf nochmals Glieder entnehmen können.

Achten Sie darauf, dass ein Verschlussglied dabei ist, mit dem sich die Kette leicht von Hand montieren lässt. Solche Kettenverschlüsse sind Außenglieder und verbinden zwei Innenglieder. Verschiedene Hersteller haben unterschiedliche Handelsnamen dafür, unter anderem „Missing Link", „Power Lock" und „Connex", aber sie sehen alle ähnlich aus und funktionieren auf die gleiche Weise.

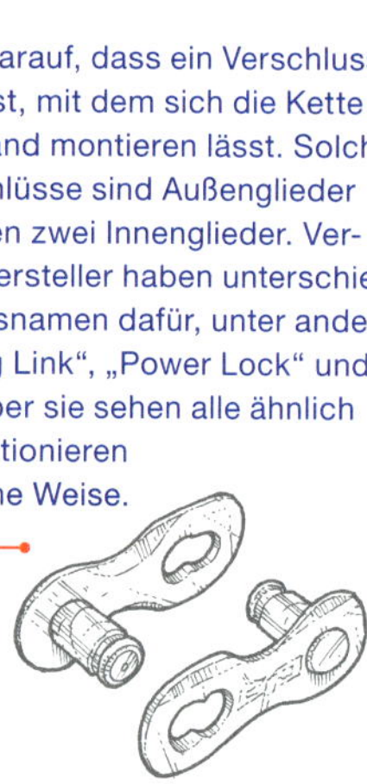

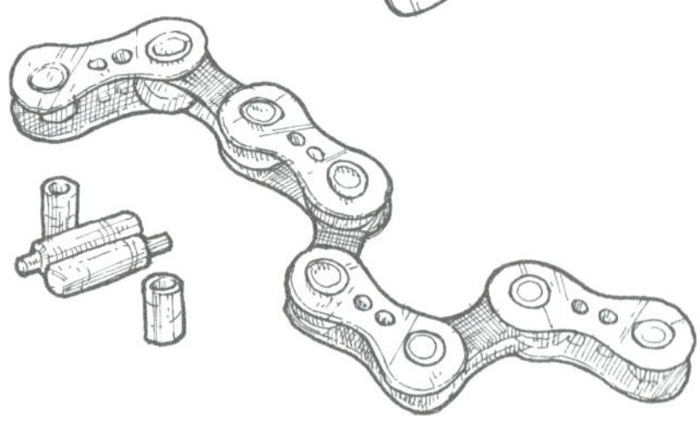

Der Ultra-Link von Campagnolo unterscheidet sich von anderen Kettenverschlussgliedern: Er erfordert allerdings ein teures Spezialwerkzeug, ohne das die Verbindung leicht unterbrochen werden kann.

1.16 Sattelstütze und Sattel

Nichts bereitet mehr Frust als ein unbequemer Sattel in der falschen Höhe.

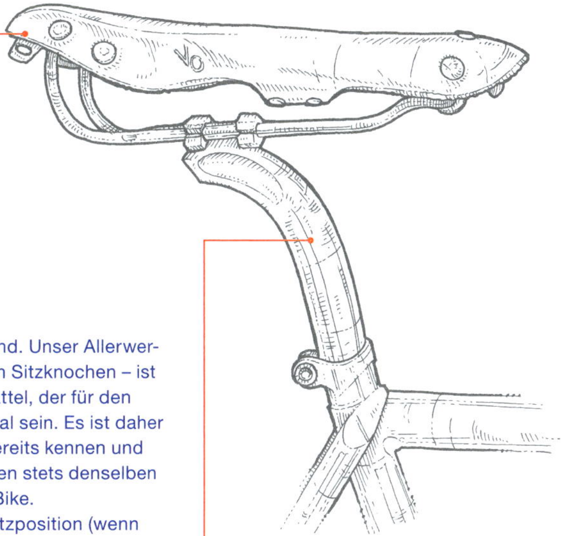

Der passende Sattel

Hier sind die persönlichen Vorlieben entscheidend. Unser Allerwertester – insbesondere der Abstand zwischen den Sitzknochen – ist von Mensch zu Mensch verschieden, und ein Sattel, der für den einen bequem ist, kann für den anderen eine Qual sein. Es ist daher sinnvoll, bei einem Modell zu bleiben, das Sie bereits kennen und auf dem Sie bequem sitzen. Viele Fahrer benutzen stets denselben Sattel ihres alten Fahrrads für das jeweils neue Bike.

Als Faustregel gilt: Bei einer aggressiven Sitzposition (wenn beispielsweise der Lenker deutlich tiefer liegt als der Sattel oder Sie längere Zeit mit den Händen am Unterlenker fahren), sollten Sie einen schmalen Sattel wählen, der kaum Polsterung für die Sitzknochen bietet. Fahren Sie hingegen lieber in aufrechter Position, wäre ein breiterer Sattel geeignet, der etwas mehr Ihren unteren Rücken stützt. Ein weiterer Indikator ist Ihre eigene Beweglichkeit: Wenn Sie im Stehen Ihre Zehen leicht berühren können, passt ein flacher Sattel eher zu Ihnen.

Falls Sie Beschwerden, Schmerzen oder Symptome einer schlechten Durchblutung (Taubheit oder Kribbeln) bemerken, sollten Sie einen Sattel, der in seiner Mitte Lüftungsöffnungen hat, in Betracht ziehen. Diese Sättel verringern den Druck auf die Genitalien bei Frauen und auf die Prostata bei Männern; darüber hinaus kann das Blut freier zirkulieren, wodurch das Taubheitsgefühl verringert und der Fahrkomfort verbessert wird.

Die richtige Sattelstütze

Die meisten Sattelstützen sind Rundrohre aus Aluminium oder Carbon. Einige haben eine stoßdämpfende Wirkung, passen aber trotz der speziellen Bauweise oder des Designs dennoch zum Rahmen. Achten Sie beim Kauf stets darauf, dass die Sattelstütze ins Sitzrohr passt, da die Stützen in vielen Durchmessern erhältlich sind. Einige aerodynamische Carbonräder haben ovale Querschnitte; in diesem Fall ist die Sattelstütze extra für diese Modelle gebaut worden und passt nicht auf andere Fahrräder.

1.17 Die Pedale

Die für über hundert Jahre üblichen Pedalhaken sind heute durch Klickpedale ersetzt worden; hierbei wird eine Platte (engl. „Cleat") unter dem Fahrradschuh befestigt, die direkt mit dem Pedal verankert wird. Sie haben die Wahl zwischen diesem oder einem flachen Pedal, auf dem Ihr Fuß nicht fixiert ist.

Klickpedale

Die auf die Schuhsohlen geschraubten „Cleats" rasten in einen Mechanismus am Pedal ein und geben dem Fuß Halt, dadurch befindet er sich in der stärksten Position im Verhältnis zum Pedal und zur Tretkurbel und ermöglicht so eine effizientere Kraftübertragung. Natürlich gibt es die übliche Vielfalt von miteinander inkompatiblen Marken und Normen, aber das Beste für den alltäglichen Gebrauch (im Gegensatz zu Radrennen) ist ein SPD-Pedal von Shimano, für das eine große Auswahl passender Schuhe erhältlich ist. Diese Pedale haben den Vorteil, dass sie beidseitig funktionieren (das heißt, der Schuh kann auf beiden Seiten der Pedale einrasten) und robust sind. In SPD-kompatiblen Schuhen kann man auch normal laufen.

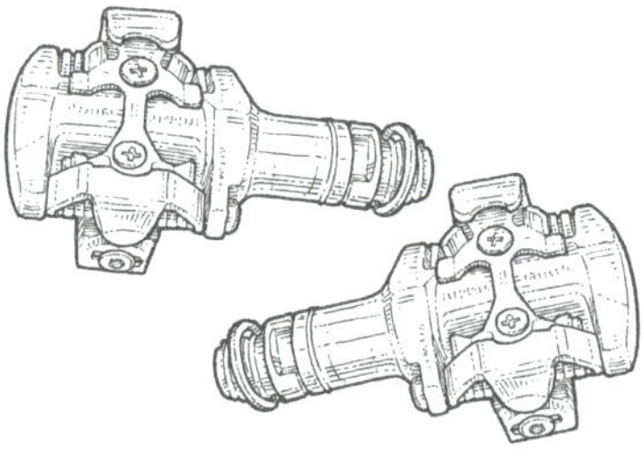

SPD-KOMPATIBLE KLICKPEDALE

Flache Pedale (Plattformpedale)

Das sind die Pedale, mit der wir alle das Fahrradfahren gelernt haben, sie sind schlicht, leicht und preiswert. Es gibt keinen Grund, sie nicht zu benutzen, es sei denn, Sie planen, an Radrennen teilzunehmen oder lange Strecken sportlich zu fahren. Für kurze Fahrten, Besorgungen in der Stadt und den täglichen Gebrauch sind flache Pedale aus Kunststoff oder Metall völlig ausreichend.

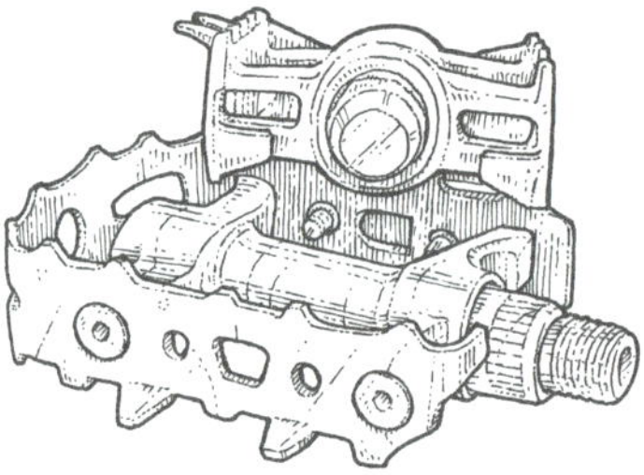

FLACHE PEDALE

1.18 Das Werkzeug

Aufgrund der Tatsache, dass heute viele Komponenten genormt sind, benötigt man für den Bau eines Fahrrads wesentlich weniger Werkzeug als früher. Wenn Sie neue Teile an ein Fahrrad mit Stahlrahmen montieren wollen, ist ein Satz Inbusschlüssel für die meisten Arbeiten ausreichend. Einige wenige Spezialwerkzeuge für bestimmte Arbeiten sind jedoch nach wie vor notwendig.

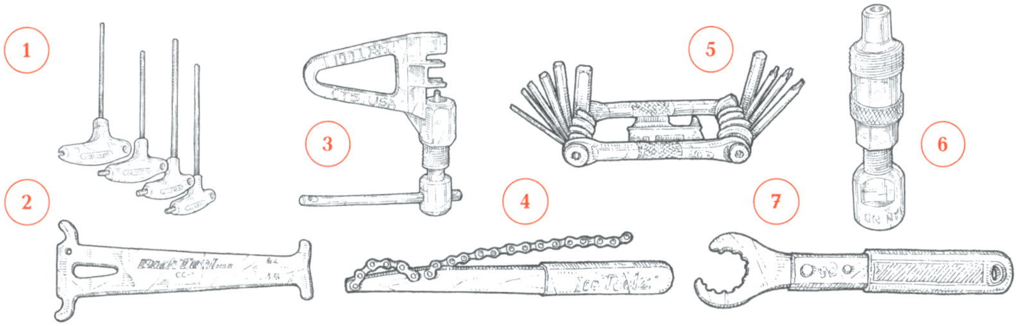

1. Ein Satz Inbusschlüssel
Die Inbusschlüssel (oder Sechskantschlüssel) eines Multitools reichen meist aus, allerdings lässt sich damit nur langsam schrauben, und es ist auch recht mühselig. Wesentlich praktischer ist ein Satz spezieller Inbusschlüssel, idealerweise mit einem ergonomischen Griff. Sie benötigen einen Satz mit 2, 2,5, 3, 4, 5, 6 und 8 mm.

2. Kettenverschleißlehre
Die brauchen sie nicht für den Fahrradbau, aber für Ihre Werkzeugkiste, um zu kontrollieren, ob sich die Kette nach einer gewissen Zeit etwas gedehnt hat bzw. durchhängt, sodass Sie sie auswechseln müssen.

3. Kettennieter
Wenn Sie ein gutes Multitool haben, kommen Sie vielleicht ohne Kettennieter aus, aber solch ein Werkzeug macht Ihnen das Leben wesentlich leichter.

4. Kettenpeitsche
Diese benötigen Sie zum Abziehen von Kassetten, damit sich der Zahnkranz bei der Demontage nicht mitdreht.

5. Multitool
Wenn Sie bisher nur das billige Multitool benutzt haben, das Sie zu Weihnachten geschenkt bekommen haben, stehen Sie der Zweckmäßigkeit dieses Tools wahrscheinlich eher skeptisch gegenüber. Ein minderwertiges Werkzeug ist schrecklich zu bedienen, hält nicht viel aus und ist mit Inbusschlüsseln bestückt, die so schwach sind, dass sie sich verbiegen, wenn sie wirklich gefordert sind. Ein hochwertiges Multitool aus hochfestem Stahl mit Inbusschlüsseln, Schraubendrehern, Speichenschlüssel und einem Kettennieter ist jedoch eine wahre Freude. Ich benutze seit vielen Jahren das Multitool M17 von Crank Brothers mit 17 Werkzeugen; es ist robust, sehr leicht und eignet sich für alle Arten von Reparaturen, wenn man unterwegs ist.

6. Kurbelabzieher
Sie benötigen einen Kurbelabzieher, um ein Tretlager (mit Vierkantaufnahme) oder die dazugehörigen Kurbeln und das Kettenblatt zu reparieren bzw. zu warten. Wenn Sie ein älteres Fahrrad restaurieren, brauchen Sie wahrscheinlich auf jeden Fall einen, Sie können darauf verzichten, wenn Sie von Grund auf neu bauen.

7. Tretlagerschlüssel
Der Einbau des Tretlagers erfordert das richtige Werkzeug. Prüfen Sie beim Kauf des Tretlagers, was Sie dazu brauchen. Das Werkzeug wird nicht allzu teuer sein; manchmal passt dasselbe Werkzeug auch für einen Sperrring an den Scheibenbremsen.

Schraubendreher
Obwohl die meisten der heutigen Komponenten mit Inbusschrauben befestigt werden, benötigen Sie dennoch einen kleinen Kreuzschraubendreher, um Ihr Schaltwerk und den Umwerfer zu justieren. Für andere Teile wie Gepäckträger, Lampen oder Fahrradcomputer ist womöglich ein Schlitzschraubendreher erforderlich.

8

9

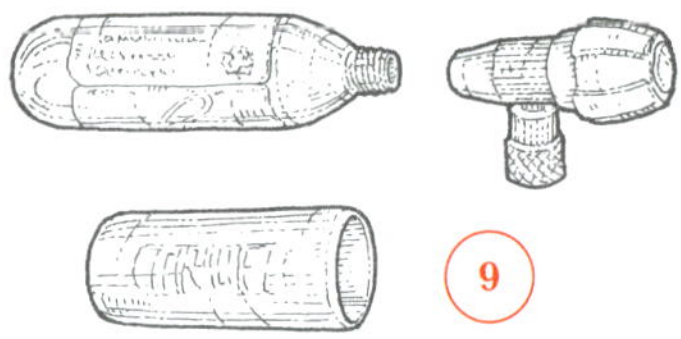

10

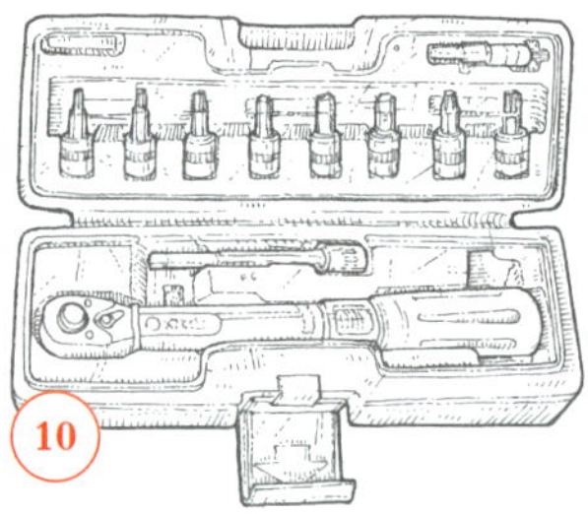

11

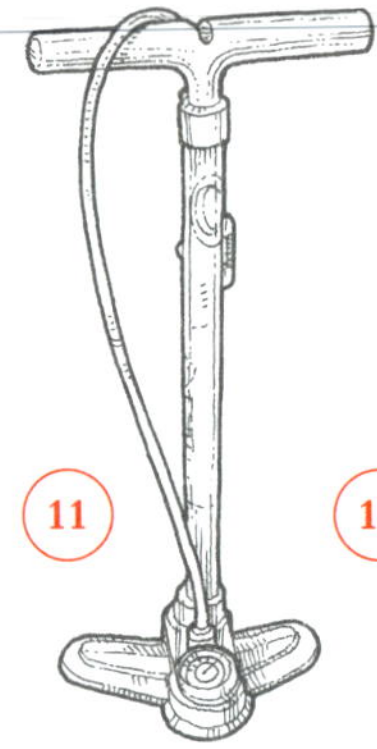

12

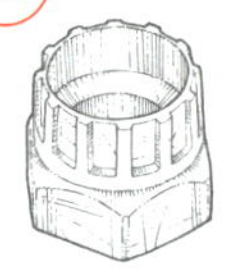

13

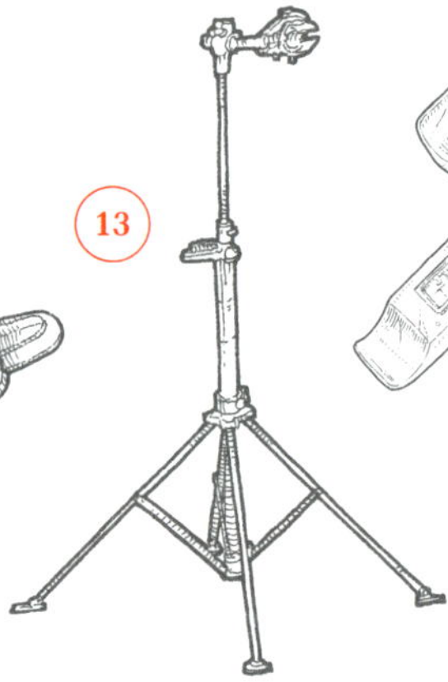

14

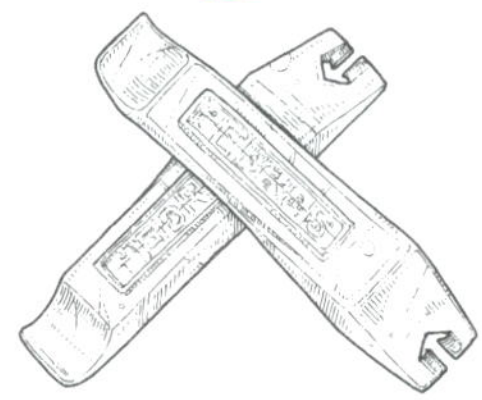

8. Ein spitzer Gegenstand

Manchmal braucht man nur etwas Dünnes und Spitzes – um vielleicht Schmiere oder Dreck von den Schalträdchen zu entfernen oder die Öffnung einer Kabelhülle durchzustoßen, bevor man einen neuen Brems- oder Schaltzug hindurchfädelt. Ich benutze dafür einen Cocktailspieß aus Stahl.

9. CO_2-Kartuschenpumpe

Mit einem solchen Zylinder lassen sich schlauchlose Reifen am einfachsten aufpumpen. Die Pumpe ist klein und leicht, sie lässt sich auch problemlos mitnehmen. Einen Reifen in weniger als einer Sekunde mit CO_2 unter Hochdruck zu setzen ist bequem: Achten Sie aber darauf, dass Ihre Finger nicht an dem Kopf, der schlagartig eiskalt wird, gefrieren – das kochende CO_2 kühlt den ganzen Alukörper schnell ab.CO_2 sickert auch schneller als Sauerstoff und Stickstoff durch die Gummiwände des Reifens, sodass Sie danach den Druck mit einer Handpumpe einige Tage lang wiederholt erhöhen müssen. Und seien Sie bitte nicht der Umweltverschmutzer, der eine gebrauchte Kartusche in der Landschaft liegen lässt.

10. Drehmomentschlüssel

Ein Drehmomentschlüssel ist ein absolutes Muss, wenn Sie einen Carbonrahmen verwenden; er zeigt Ihnen genau an, wie viel Kraft Sie zum Anziehen einer Schraube oder eines Teils aufwenden müssen. Das ist wichtig, weil Carbon anfällig für die hohen Kräfte ist, die Werkzeuge ausüben können. Eine zu stark angezogene Schraube kann einen ganzen Rahmen ruinieren. Besorgen Sie sich einen Satz mit einem kompletten Sortiment von Inbus-, T25- und T30-Köpfen sowie einer Verlängerungsstange.

11. Standpumpe mit Manometer

Eine Standpumpe ist ein wertvolles Hilfsmittel. Sie kommen beim Aufpumpen nicht ins Schwitzen und können den Druck Ihrer Reifen am Manometer ablesen.

12. Zahnkranzabzieher

Die Kassette muss fest angezogen werden. Es gibt kein genormtes Zahnmuster für das Werkzeug, das Sie dafür benötigen. Stellen Sie also sicher, dass Sie eines haben, das zur Marke und dem Modell ihrer Kassette passt.

13. Montageständer

Muss man nicht unbedingt haben, macht einem aber Reparatur- und Wartungsarbeiten erheblich leichter. Ebenso wie die Feinabstimmung der Bremsen und Gänge.

14. Reifenheber

Reifenheber sind aus Kunststoff oder Metall, und man braucht mindestens zwei, denn sie sind gewissermaßen die dritte Hand. Falls Sie einen Satz elegant geschwungener Vintage-Hebel aus Stahl haben, sollten Sie diese besser nicht zum Reifenwechsel benutzen: Sie würden damit eher ein Loch in den Schlauch bohren.

15. Verstellbarer Gabelschlüssel

Sie benötigen diesen Schlüssel, um den Verschlussring der Kassette, den Kurbelabzieher und gegebenenfalls auch einige Tretlagerschalen anzubringen. Für Ihren Fahrradbau genügt ein Gabelschlüssel, der 200 mm lang ist; wenn Sie ein altes, verrostetes Fahrrad auseinandernehmen, werden Sie die Hebelwirkung zu schätzen wissen, die ein kräftiger 300-mm-Schlüssel bietet.

15

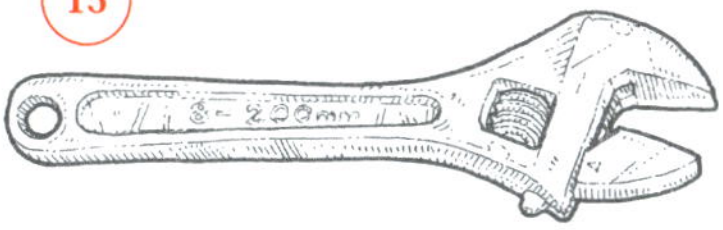

19

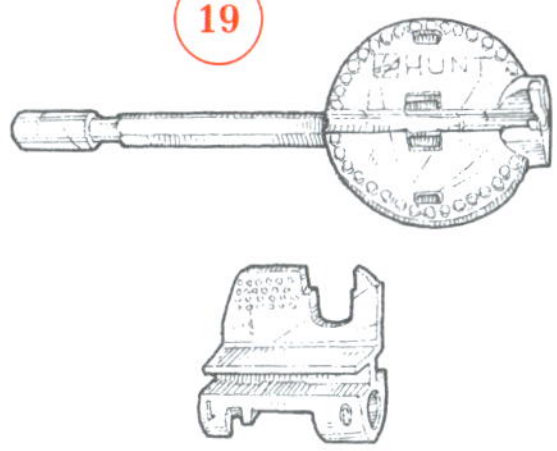

16

17

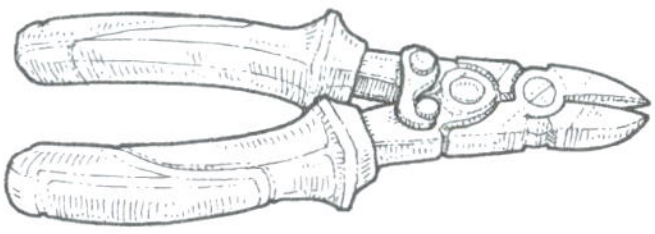

18

16. Schmierfett

Mit einer 100-ml-Tube PTFE-Fett kommen Sie eine Weile aus. Tragen Sie es überall dort auf, wo Metall auf Metall trifft oder an den Stellen, wo das Metall nicht lackiert ist, um Rost und Berührungskorrosionen zu vermeiden. Dadurch erleichtern Sie Reparaturen und Wartungsarbeiten und verlängern zudem die Lebensdauer Ihres Fahrrads, vor allem wenn es häufig nass wird. Eine Ausnahme bildet der Antriebsstrang: Fett auf der Kette, der Kassette oder dem Kettenblatt zieht Schmutz an, sodass sich Schmiere bildet, die die beweglichen Teile schnell verschleißt. Als Faustregel gilt: Verwenden Sie Fett an Stellen, die nicht einsehbar sind, und an anderen Stellen ein Kettenöl.

17. Drahtschneider

Brems- und Schaltzüge sowie Kabelhüllen bestehen aus Stahl, und Sie benötigen ein spezielles Werkzeug, um einen sauberen Schnitt zu machen; normale Zangen funktionieren dabei nicht.

18. Kettenöl

Es gibt viele Marken von Kettenölen, und sie alle werden von dem einen oder anderen bevorzugt: Im Allgemeinen ist ein Trockenschmiermittel besser, wenn Sie bei gutem Wetter fahren (es muss neu aufgetragen werden, wenn die Kette nass wird); Nass-Kettenöle sind vorzuziehen, wenn Sie ein Allwetter-Biker sind. Wichtiger als die verwendete Marke ist jedoch, die Kette regelmäßig zu ölen und möglichst sauber zu halten.

19. Speichenschlüssel

Zum Festziehen oder Lösen der Radspeichen benötigen Sie einen Schlüssel, der das gleiche Profil wie der Nippel der Speiche hat. Speichenschlüssel gibt es in vielen verschiedenen Formen und Größen, aber alle funktionieren gleich. Einige Radhersteller liefern mit jedem Laufradsatz einen Schlüssel mit; ebenso bieten einige Multitools eine Auswahl dieses speziellen Tools an.

Welche Werkzeuge brauchen Sie wirklich?

Ich gehe davon aus, dass Sie erstens kein Geld für Werkzeuge ausgeben wollen, die Sie nur einmal benutzen werden, und dass Sie zweitens nicht bereits über eine voll ausgestattete Werkstatt verfügen. Es gibt einige Arbeiten, die Sie möglicherweise von einer Fahrradwerkstatt machen lassen, weil sie bestimmte Werkzeuge erfordern, die man nur einmal braucht. Zum Glück werden solche Dinge (Anbringen der Lagerschalen und Zuschneiden des Gabelschaftes auf die richtige Länge) gleich zu Beginn und am Ende erledigt, sodass Sie Ihre eigene Arbeit nicht ständig durch Werkstattbesuche unterbrechen müssen. Abgesehen von diesen speziellen Arbeiten kommen Sie mit einer recht kleinen Auswahl an Werkzeugen für den Bau und die Wartung Ihres Fahrrads völlig aus.

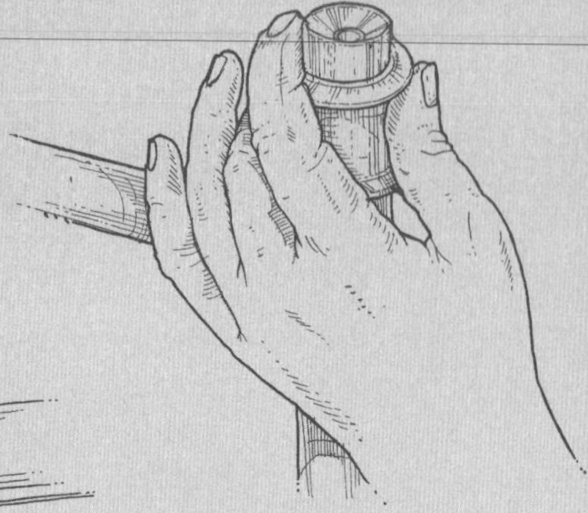
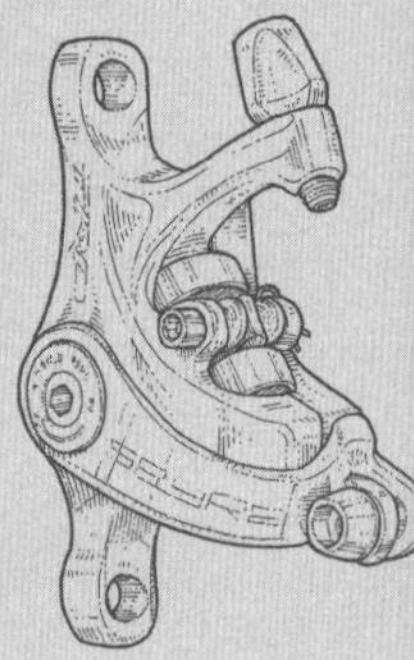
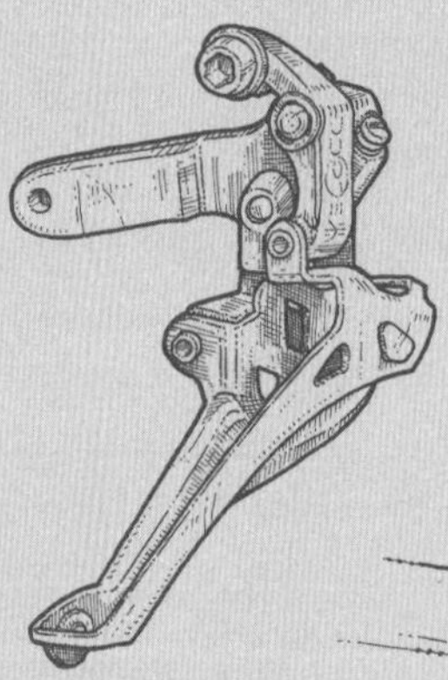
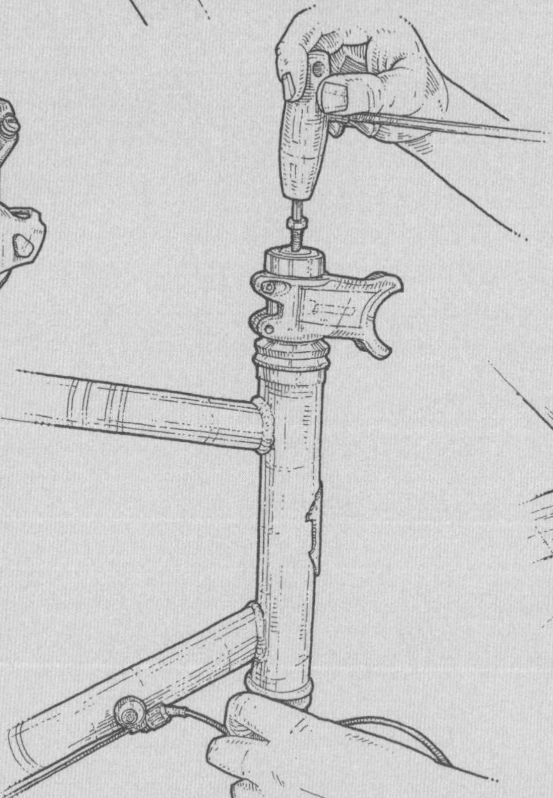
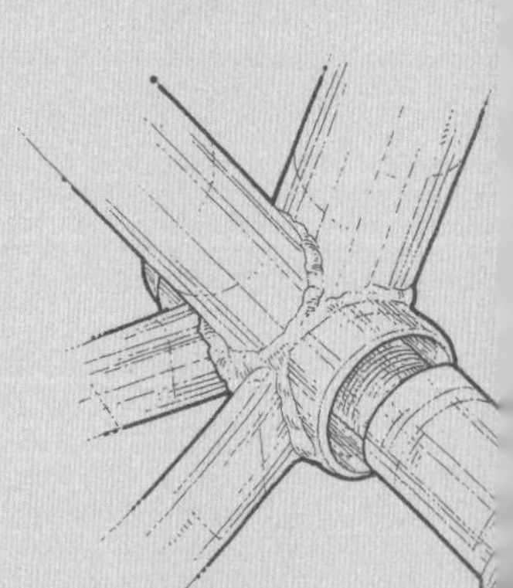

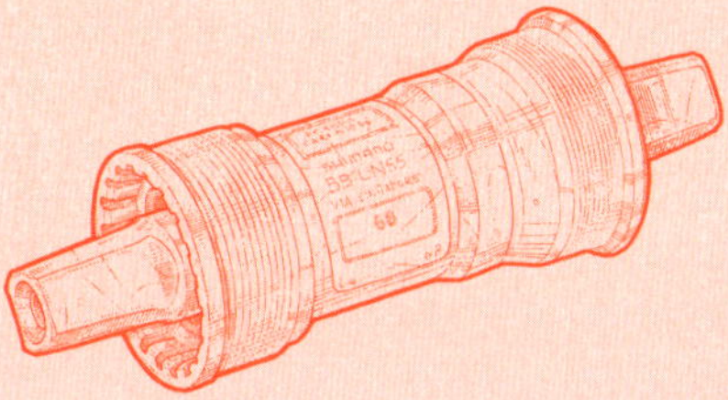

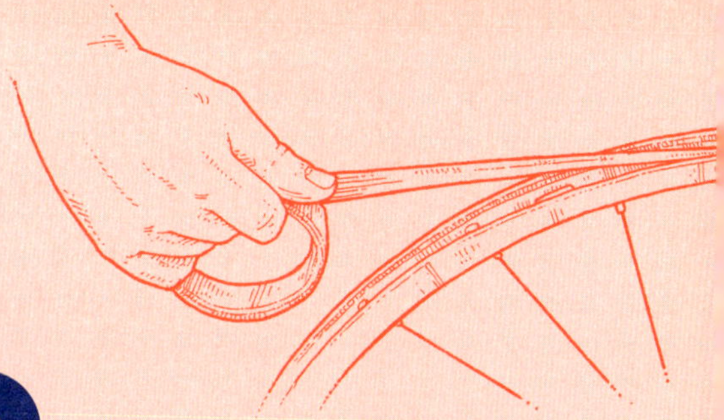

2

Der Bau des Fahrrads

ERSTER TAG

Sie haben also das Werkzeug, jede Menge Einzelteile, und Sie haben das Wochenende vor sich: eines Ihrer produktivsten, das Sie ein Leben lang mit Freude am Radfahren belohnen wird. Beginnend mit dem Steuersatz und dem Tretlager, legen Sie das Fundament für alle weiteren Arbeiten an Ihrem Fahrrad. Danach fügen Sie Lenker, Schalt- und Bremshebel hinzu und verlegen die Züge zu den Bremsen, dem Schaltwerk und dem Umwerfer. Zum Schluss ziehen Sie die Reifen auf die Räder.

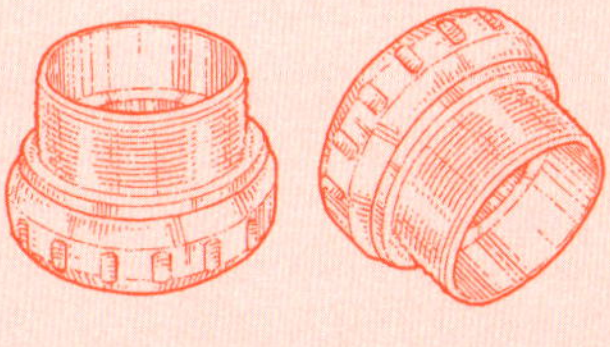

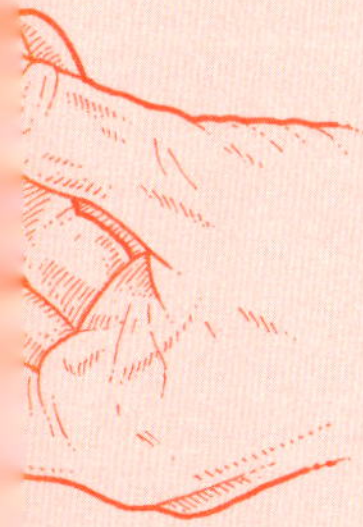

2.1 Ihr Arbeitsraum und erste Schritte

Ihr Arbeitsraum sollte gut beleuchtet und groß genug für das Fahrrad und den Montageständer sein. Legen Sie sich das Werkzeug so zurecht, dass Sie schnellen Zugriff darauf haben, zusammen mit einem Lappen, mit dem Sie sich das Fett von den Fingern wischen können. Halten Sie ein paar kleine Kästchen oder Dosen für die losen Schrauben, Unterlegscheiben und Lager bereit, die sonst abhandenkommen. Und machen Sie sich Musik an!

Klemmen Sie nie eines der Rahmenrohre, sondern die Sattelstütze in den Montageständer. So vermeiden Sie, dass der Rahmen beschädigt wird – die Gefahr ist zwar gering, kann aber teure Folgen haben. Als Erstes müssen Sie aber den Sattel auf die Sattelstütze und diese dann in den Rahmen stecken.

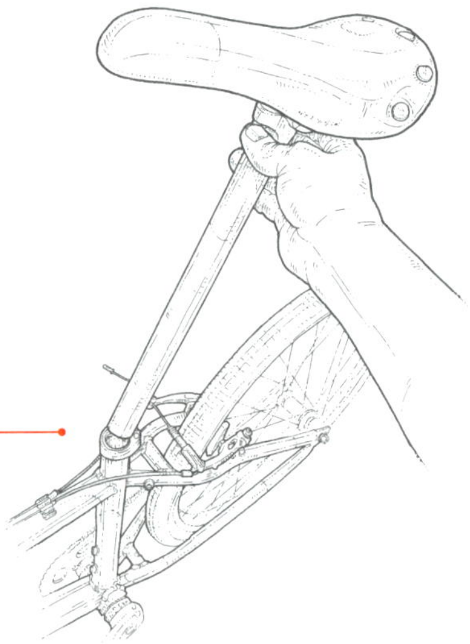

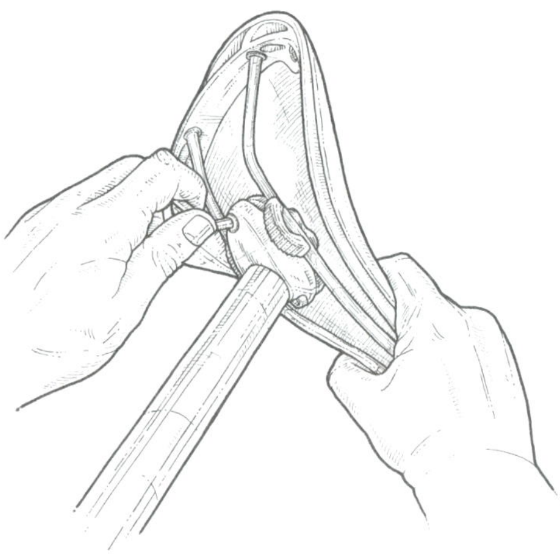

Montage des Sattels

Die Sattelstütze hat an ihrem oberen Ende eine Halterung für den Sattel. Diese variiert in der Bauweise, hat aber normalerweise eine Klemme, die von zwei Sechskantschrauben gehalten wird. Sie umfassen die beiden Sattelschienen und ermöglichen es, den Sattel nach vorne oder hinten zu verschieben und bei Bedarf abzuwinkeln. Fetten Sie die Schrauben und die Innenseiten der Klemme etwas ein, führen Sie anschließend die Sattelschienen ein und ziehen Sie sie fest.

Befestigung der Sattelstütze

Lösen Sie die Schraube der Klemme am Sitzrohr, die die Sattelstütze hält, geben Sie etwas Fett auf die Stütze (bei Metallrahmen ist das wichtig, um zu verhindern, dass Sattelstütze und Sitzrohr miteinander korrodieren) und schieben Sie die Stütze ins Sitzrohr. Ziehen Sie die Sattelstützenklemme wieder fest und achten Sie darauf, dass die Stütze sich ein gutes Stück im Sitzrohr befindet, mindestens so weit wie der doppelte Durchmesser der Sattelstütze. Oder sie sollte 40 mm über die Stelle hinausragen, wo sich Ober- und Sitzrohr verbinden, je nachdem, welches Maß das längere ist. Der letzte Abschnitt dieses Buches hilft Ihnen dabei, die Sattelhöhe genauer einzustellen (s. S. 108). Befestigen Sie den Rahmen nun so am Montageständer, dass die Klemme des Ständers die Sattelstütze fest und gerade hält.

2.2 Einbau des Tretlagers

Das Tretlager ist unten am Rahmen kaum zu sehen und erfüllt eine recht einfache Funktion. Dabei ist es unglaublich wichtig: Die gesamte Kraft, die Sie auf Ihr Rad ausüben, wird durch das Tretlager übertragen. Daher muss es richtig sitzen, einwandfrei funktionieren und mit dem Tretlagergehäuse des Rahmens kompatibel sein.

Es gibt eine Vielfalt an Lagertypen, aber die meisten folgen einer der zwei unten beschriebenen Bauweisen.

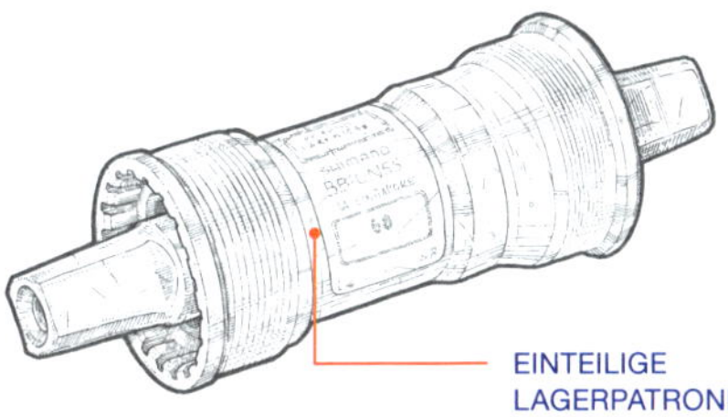

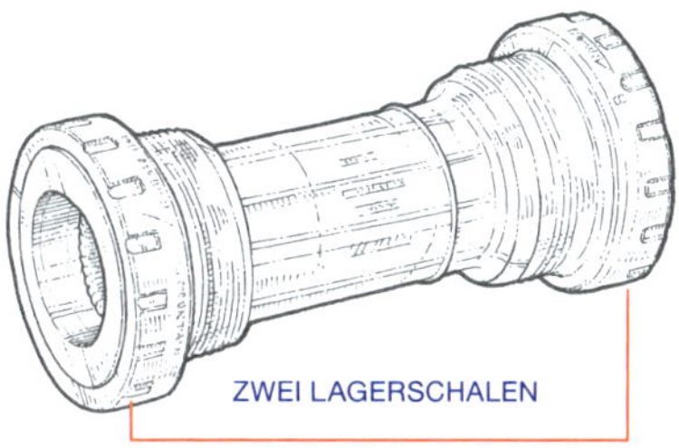

Dreifachkurbelsatz bzw. Patronenlager

Das Tretlager ist ein recht klotziges Bauteil, das die eingebaute Achse enthält, um die sich die Kurbeln drehen. Die Achse ragt aus den beiden Enden heraus und hat einen quadratischen, sich verjüngenden Querschnitt, an dem Sie den Kurbelarm auf der linken Seite und die Kurbel plus Kettenblätter auf der rechten Seite befestigen – daher „dreifach“. Ihr Kurbelsatz muss ein Innenlager mit Vierkantkonus haben, um mit einem dreiteiligen Tretlager zu funktionieren.

Tretlager mit außenliegenden Lagerschalen

Dieses besteht aus zwei Teilen, von denen jeweils eines auf jeder Seite des Tretlagergehäuses montiert wird. Eine Achse ist hier nicht vorhanden, sondern die Spindel ist direkt mit den Kurbeln verbunden und wird lediglich durch das Tretlagergehäuse geschoben. Aufgrund dieser Bauweise sind die Spindel und die Lager leichter, und trotzdem robuster, sodass High-End-Tretlager (einschließlich der Baureihen von Campagnolo, Shimano und SRAM) jetzt alle nach diesem Schema konzipiert sind. Ein weiterer Vorteil ist die einfache Montage, die Wartung und der Austausch des Tretlagers. Ihr Kurbelsatz muss mit einer Spindel verbunden sein, wenn sie mit außenliegenden Tretlagerschalen kompatibel sein soll.

Einbau eines Dreifachkurbelsatzes

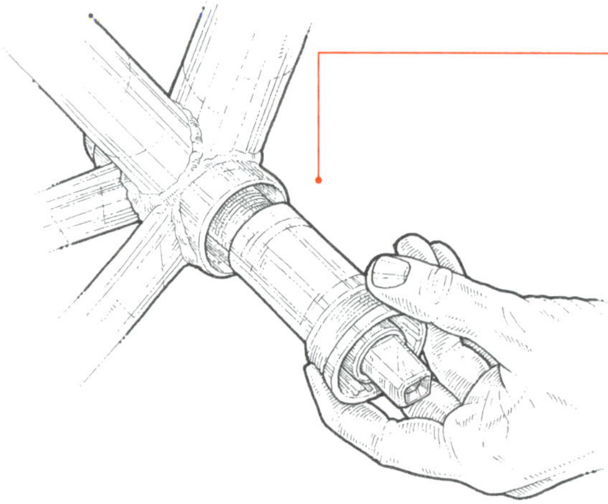

1

Reinigen Sie zunächst das Innere des Tretlagergehäuses mit einem Lappen von Schmutz oder Splitt. Tragen Sie einen erbsengroßen Tropfen Fett auf Ihre Fingerspitze auf und schmieren Sie damit die Gewinde im Tretlagergehäuse ein. Versichern Sie sich, dass auf dem Zylinder – der Lagerpatrone – die rechte und die linke Seite gekennzeichnet sind. Setzen Sie die Patrone entsprechend ein und ziehen Sie sie mit der Hand fest.

2

Beachten Sie, dass es auf der Antriebsseite (rechts) eines „englischen Gewindes“ ein Linksgewinde gibt, sodass Sie das Tretlager gegen den Uhrzeigersinn einschrauben müssen. Drehen Sie es von Hand ein und achten Sie darauf, dass Sie den Zylinder gerade – nicht verkantet – in das Gewinde schrauben; ziehen Sie ihn dann mit einem Werkzeug und der richtigen Nuss fest.

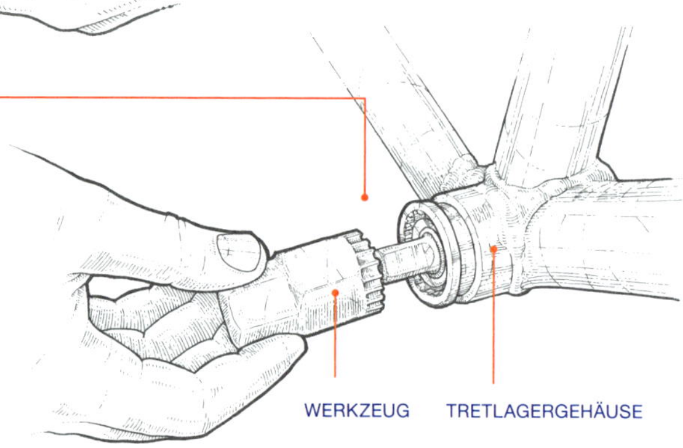

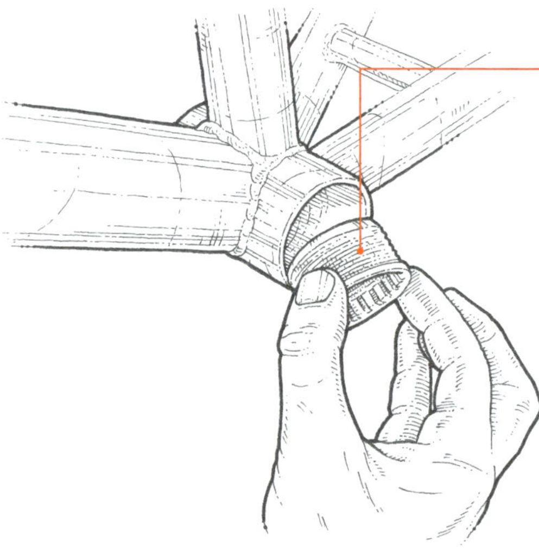

3

Ein kleinerer Gewindering wird in die andere Seite des Tretlagergehäuses eingedreht. Ziehen Sie diesen zunächst von Hand und danach mit einem Schraubenschlüssel an.

Einbau außenliegender Lagerschalen

1

Wenn die Lagerschalen in den Rahmen passen, ist das Einsetzen der Schalen einfach. Säubern Sie zunächst die Innenseite des Tretlagergehäuses von Schmutz und Splitt. Tragen Sie einen erbsengroßen Tropfen Fett auf Ihre Fingerspitze auf und schmieren Sie damit die Gewinde im Tretlagergehäuse ein.

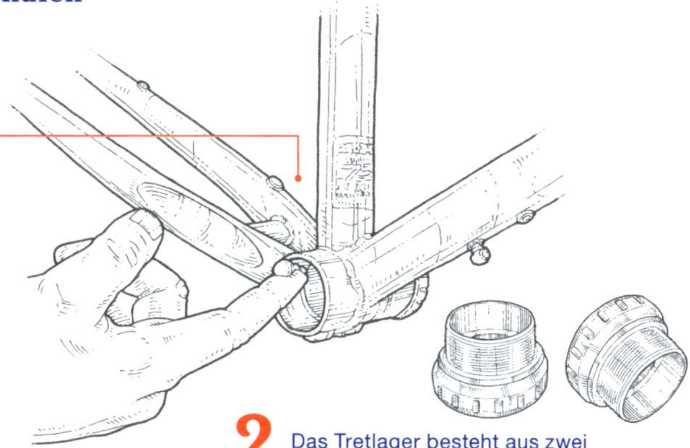

2

Das Tretlager besteht aus zwei Lagersätzen und ggf. aus einem Kunststoffrohr, das sie zusammenhält, sowie aus Abstandhaltern („Spacers") die zwischen Tretlager und Rahmen sitzen und dafür sorgen, dass die Achse am Kurbelsatz einwandfrei passt. Auf jeder Seite ist ein R oder ein L sowie ein Pfeil mit der Richtung des Gewindes eingeprägt: Beachten Sie das bitte, denn auf der Antriebsseite (rechts) eines „englischen Gewindes" ist dies linksdrehend, sodass Sie das Tretlager gegen den Uhrzeigersinn einschrauben müssen. Auf der linken Seite haben Sie ein normales Rechtsgewinde.

Schrauben Sie beide Lagerschalen gerade – nicht verkantet – von Hand ein, wobei das Kunststoffrohr (falls vorhanden) in eine der Schalen eingeführt wird (der andere Teil trifft innerhalb des Tretlagergehäuses darauf). Bringen Sie die Abstandhalter, sofern sie mitgeliefert wurden, zwischen den Lagern und dem Rahmen an. (Sollten Sie sie nicht benötigen, können sie bei der Montage der Kettenblattgarnitur leicht entfernt werden.)

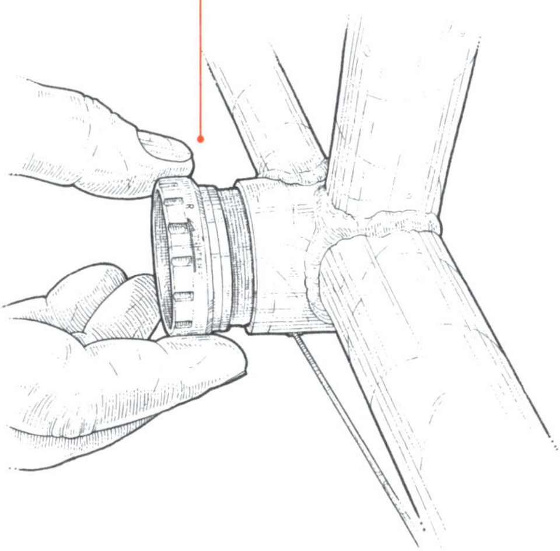

3

Mit dem Tretlagerschlüssel fest anziehen.

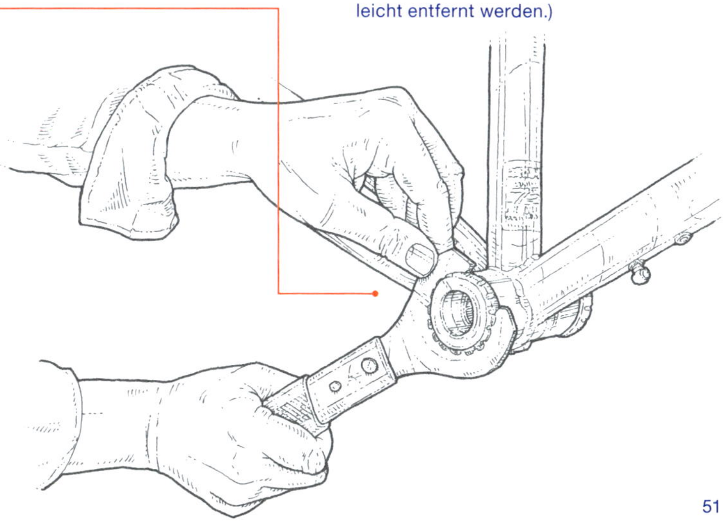

2.3 Der Kurbelsatz

Der Kurbelsatz muss mit dem Innenlager kompatibel sein und perfekt sitzen, sodass er sich ohne Wackeln oder Widerstand dreht und die gesamte Kraft des Pedalwegs auf die Kette übertragen wird.

Bei den meisten der heutigen Komplettgruppen ist die Spindel ein integraler Bestandteil der antriebsseitigen Kurbel: Sie verläuft durch das Tretlager (ein Modell mit integrierter Spindel) und wird mit der linken Kurbel verschraubt. Bei Dreifachkurbelsätzen (häufiger bei älteren Fahrrädern) werden die beiden Kurbeln separat an der Achse befestigt, die Teil des Tretlagers ist.

Montage eines Kurbelsatzes mit integrierter Spindel

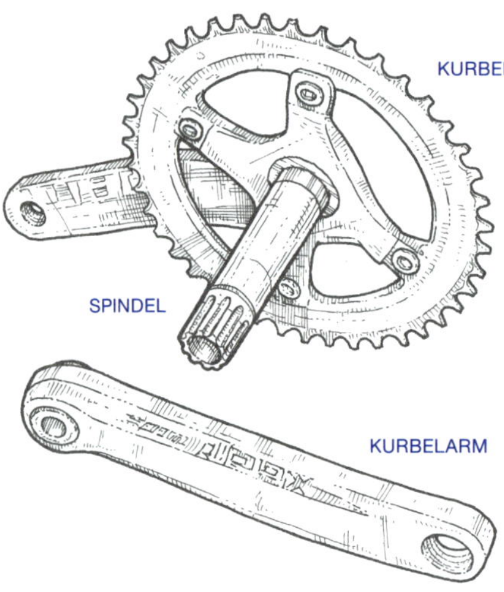

1

Fetten Sie die Spindel etwas ein und führen Sie sie von der Antriebsseite durch das Tretlager. Sollte sie sich nicht ganz durchschieben lassen, müssen Sie notfalls mit einem Gummihammer etwas nachhelfen

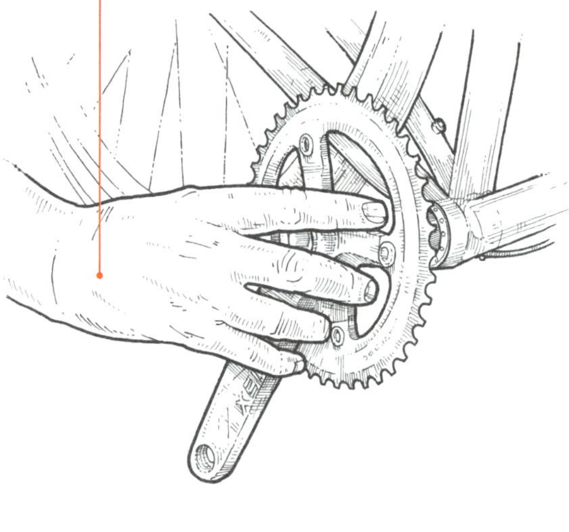

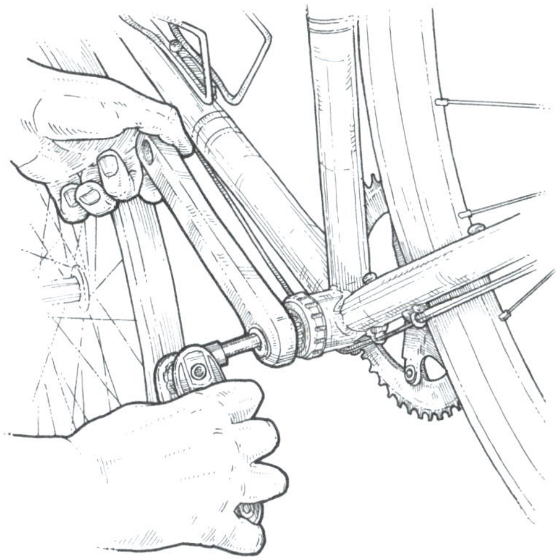

2

Bringen Sie den anderen Kurbelarm an und ziehen Sie die Schraube, die ihn mit der Spindel verbindet, fest an. Kontrollieren Sie auf jeden Fall, ob sich die Kurbeln reibungslos drehen und nicht locker sind. Schlägt die Kurbel seitlich aus, dann ist die Spindel zu lang für den vom Tretlager vorgesehenen Raum. Dies lässt sich leicht beheben, indem man Abstandhalter (schmale Ringe) zwischen Tretlager und Tretlagergehäuse aufschiebt: Entfernen Sie die Spindel und das Tretlager, bringen Sie auf jeder Seite einen Abstandhalter an, setzen Sie alles wieder ein und versuchen Sie es erneut. Wenn die Kurbelarme zu stramm sitzen (das Tretlager berühren), sollten Sie einen Abstandhalter entfernen.

Montage der Kurbelarme an einen Dreifachkurbelsatz

Die meisten Spindeln bei Dreifachkurbelsätzen werden nach einem der drei Standards gefertigt: Vierkantkonus, Shimanos Octalink (mit acht Zähnen, auch „Splines“ genannt, am Spindelende) oder ISIS-Antrieb (mit zehn Splines). Diese sind nicht miteinander kompatibel, sodass die Kurbeln mit der Spindel übereinstimmen müssen, aber sie werden alle auf ähnliche Weise montiert.

1

Wenn Sie eine gezahnte Tretlagerachse haben, geben Sie auf beiden Seiten etwas Fett auf die Splines; Vierkantachsen benötigen kein Schmierfett. Setzen Sie die antriebsseitige Kurbel auf die rechte Seite der Spindel, schmieren Sie sie etwas und drehen Sie die Schraube ein.

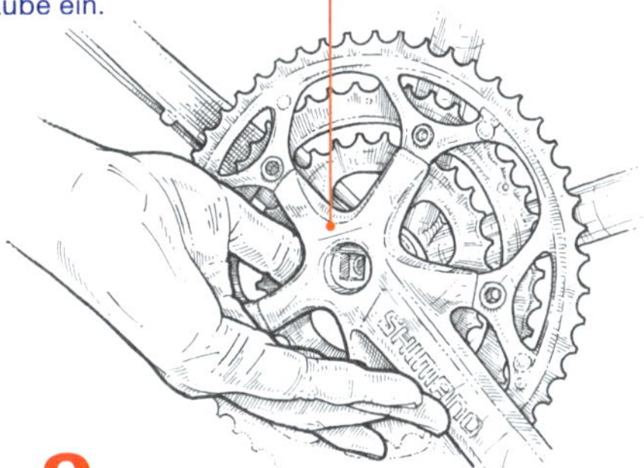

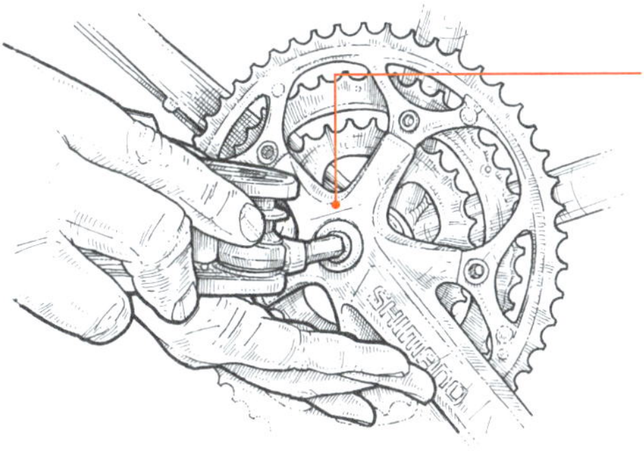

2 Ziehen Sie die Schraube an – sie muss den Kurbelarm fest um die Spindel verankern. Bringen Sie auf der anderen Seite den linken Arm so an, dass er um 180° entgegengesetzt vom rechten Arm liegt, und ziehen Sie auch hier die Schraube fest. Eventuell sind Staubkappen über den Schrauben anzubringen, dann die Gewinde leicht einfetten und die Kappen montieren. Stellen Sie sicher, dass die Kurbelarme fest sitzen und nicht wackeln, bevor Sie fortfahren.

2.4 Montage des Steuersatzes und des Gabelkopfes

Wenn Sie einen gebrauchten Rahmen oder ein Ausstellungsstück verwenden, ist es sehr wahrscheinlich, dass die Steuersatzringe (im Rahmen) und der Gabelkonus (an der Gabel) bereits montiert sind; in diesem Fall fahren Sie mit Seite 57 fort.

Wenn Sie jedoch mit einem neuen Rahmen arbeiten, müssen sie eingebaut werden. Dazu sind einige Werkzeuge erforderlich, die Sie möglicherweise nie wieder benutzen werden. Daher sollten Sie erwägen, vor dem eigentlichen Bau Ihren Fahrradhändler in der Nähe zu bitten, die Arbeit zu erledigen.

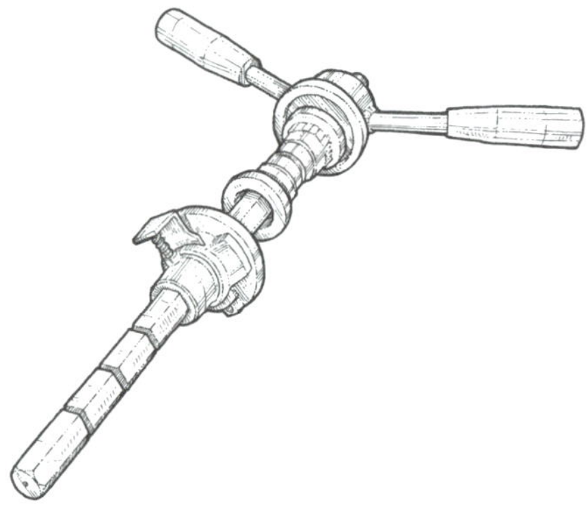

Ein Steuersatz-Einpresswerkzeug ist ein großes, schweres und teures Werkzeug.

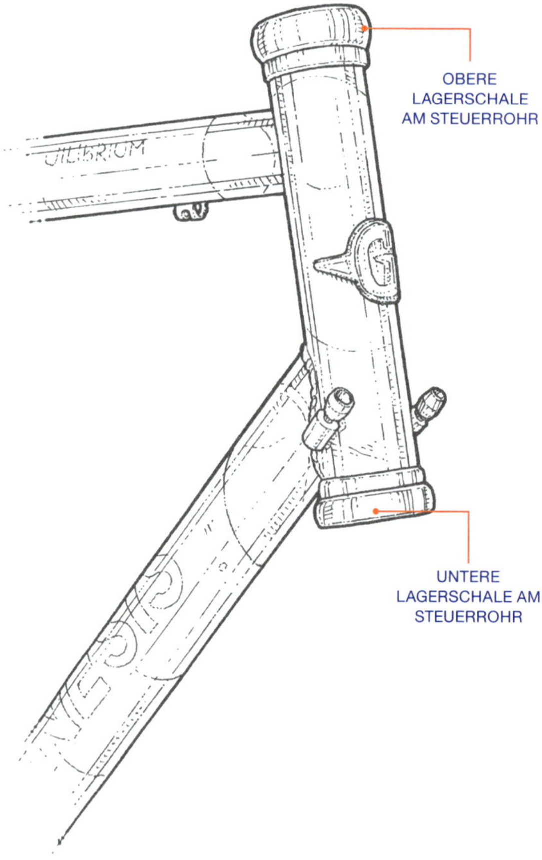

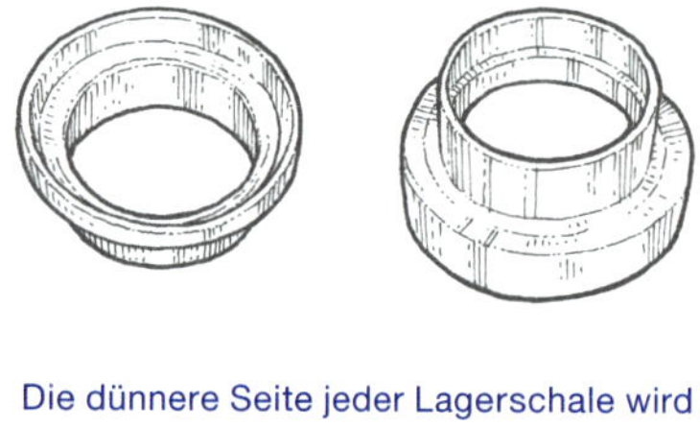

Die dünnere Seite jeder Lagerschale wird in das Schaftrohr gepresst; die dickeren Seiten können entweder einzelne geschlossene Kugellager oder einen Satz loser Lager aufnehmen.

Anbringen der Steuersatzlagerschalen

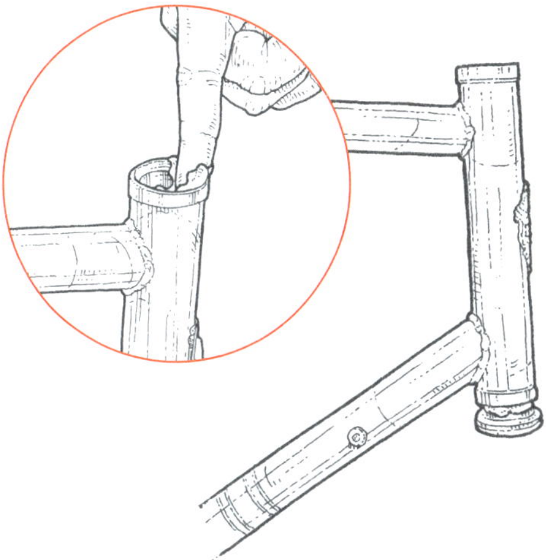

1

Sie benötigen ein Steuersatz-Einpresswerkzeug und zwei Lagerschalen in der richtigen Größe. Setzen Sie den Rahmen so in den Montageständer, dass sich das Steuerrohr auf Brusthöhe befindet, und tragen Sie dann etwas Montagepaste an der Ober- und Unterkante innerhalb des Steuerrohrs auf.

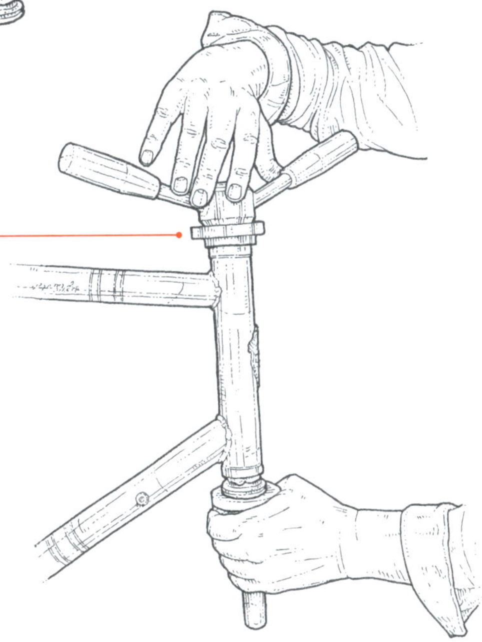

2

Entfernen Sie den unteren Aufsatz des Einpresswerkzeugs. Setzen Sie die Schalen in die Enden des Steuerrohrs (achten Sie darauf, dass Sie sie richtig herum halten) und führen Sie die Presse durch das Steuerrohr, sodass der obere abgestufte Zylinder der Presse zur oberen Schale ausgerichtet ist. Setzen Sie den anderen Stufenzylinder und den Aufsatz der Presse wieder unter die untere Schale und ziehen Sie die Presse an, bis sie die Schale berührt.

TIP: Wenn Sie kein Geld für ein Spezialwerkzeug ausgeben wollen, den Steuersatz aber dennoch selbst montieren möchten, gibt es zwei Möglichkeiten. Erstens können Sie den Steuersatz mit einem Hammer einschlagen, aber legen Sie ein Brett oder einen Holzklotz auf die Lagerschale, um die Schläge abzufangen. Eine weniger drastische Methode ist die Anfertigung eines eigenen Steuersatz-Einpresswerkzeugs aus einfachen Eisenteilen; preiswerte Heimwerker-Sets findet man bei eBay.

3

Achten Sie darauf, dass die Lagerschalen an den Rohrenden gerade ausgerichtet sind und ordentlich auf den abgestuften Zylindern sitzen. Ziehen Sie dann oben den Griff an, bis beide Lagerschalen fest und gleichförmig in den Rahmen gepresst sind; sie sollten rundum bündig mit dem Rohrende abschließen.

2.5 Einbau des Gabelkonus

Der Gabelkonus sitzt fest auf der Gabel – die Kugellager sitzen zwischen dem Gabelkonus und der unteren Lagerschale des Steuersatzes. Manche Hersteller bieten auch einen geschlitzten Gabelkonus an, dieser wird einfach von Hand auf den Gabelschaft aufgeschoben. Durchgehende Konusringe hingegen sitzen fest um den Schaft und müssen mit einem Werkzeug und einem Hammer aufgeschlagen werden. Das für diese Arbeit benötigte Aufschlaggerät für den Gabelkonus, wird sonst selten benutzt, also sollten Sie vielleicht auch hier Ihren Fahrradhändler bitten, dies für Sie zu erledigen.

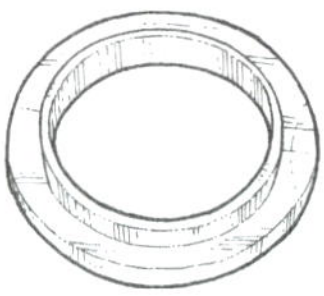

GABELKONUS

1

Tragen Sie etwas Fett unten am Vorsprung des Gabelschaftes auf, wo der Ring sitzen wird. Schieben Sie den Gabelkonus mit der flachen Seite nach unten auf den Schaft.

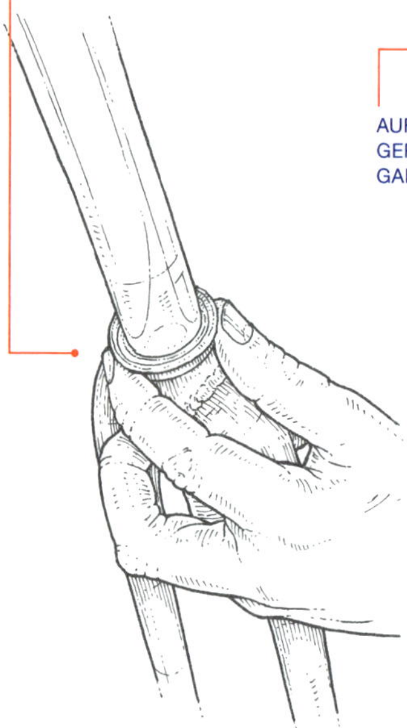

AUFSCHLAG-GERÄT FÜR DEN GABELKONUS

2

Halten Sie die Gabel in einer Hand, nehmen Sie das Aufschlaggerät und schieben Sie es fest den Schaft hinab, bis der Gabelkonus fest sitzt und rundum bündig ist. Stützen Sie die Gabelenden nicht auf irgendetwas ab, schließlich wollen Sie sie nicht beschädigen. Falls nötig, können Sie dem Aufschlaggerät mit einem Hammer etwas nachhelfen.

Aufschlaggerät selbst gemacht

Eine günstige Alternative zum Aufschlaggerät für den Gabelkonus ist ein PVC-Rohr mit dem gleichen Durchmesser wie das Aufschlaggerät und das etwas länger ist als der Gabelschaft. Schieben Sie erst den Gabelkonus wie oben beschrieben auf den Schaft, das PVC-Rohr hinterher und schlagen Sie dann mit einem Hammer auf die Oberseite des Rohrs, bis der Konus rundum bündig sitzt.

2.6 Montage einer Gabel mit gewindelosem Steuersatz und separatem Vorbau (Ahead-Vorbau)

Mit dem in das Steuerrohr eingebauten Steuersatzring und dem aufgeschobenen Gabelkonus können Sie nun die Gabel einsetzen, die von den Steuersatzlagern gehalten wird, sodass Sie frei lenken können und nicht befürchten müssen, dass Ihr Fahrrad auseinanderbricht. Sollten Rahmen und Gabel bereits mit den Lagern ausgestattet sein, lesen Sie die Anleitungen in Schritt 4, um den Vorbau anzubringen.

1

Klemmen Sie den Rahmen gerade in den Ständer, wobei sich das Steuerrohr etwa auf Taillenhöhe befindet, und fetten Sie die Innenseite der Lagerschalen oben und unten am Steuerrohr etwas ein. Setzen Sie die Lager in die Steuersatzschale ein. Achten Sie darauf, dass Sie sie richtig herum einsetzen: Geschlossene Lager (in denen Sie die Kugeln nicht sehen können) haben ein Profil, das genau in die Schale passt. Wenn es sich um offene Lager handelt (und Sie die Kugeln sehen können), setzen Sie sie mit der flachen Seite ihres Käfigs nach oben ein. Sie müssen offene Lager einfetten – nehmen Sie einen erbsengroßen Tropfen und verstreichen Sie ihn mit der Fingerspitze um die Kugellager herum. Ein offener Ring kann auch einen kleinen Gummiring als Staubdichtung haben; legen Sie ihn auf die Lager.

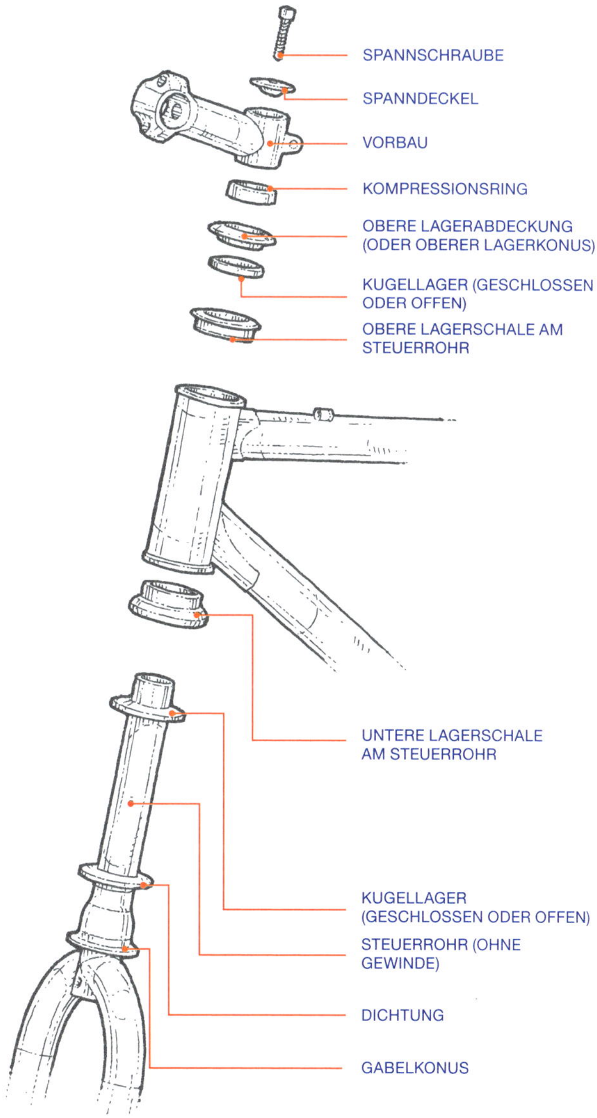

2

Jetzt geht es um die Montage der Lager für den Gabelkonus, den Sie zusammen mit der gesamten Rohrlänge minimal einfetten. Wenn Sie geschlossene Lager haben, schieben Sie diese über den Gabelschaft; achten Sie darauf, dass sie richtig herum sind, damit sie genau in die untere Lagerschale des Steuerrohrs passen.
Handelt es sich um offene Lager, fetten Sie sie wie beim oberen Lagersatz ein und setzen sie direkt in die untere Lagerschale des Steuerrohrs, sodass die flache Seite des Rings nach außen zeigt, und bringen dann die Staubdichtung an. Beide werden durch das Fett an Ort und Stelle gehalten.

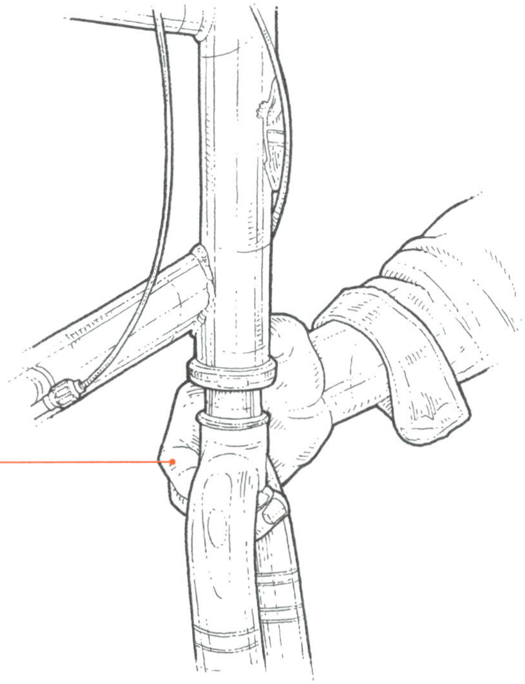

3

Führen Sie den Gabelschaft vorsichtig durch das Steuerrohr, bis er oben herausragt und der Gabelkonus bündig mit den Lagern in der unteren Schale abschließt. Halten Sie die Gabel mit einer Hand, ziehen Sie die obere Lagerabdeckung (oder den oberen Lagerkonus) über den Gabelschaft und drücken Sie ihn nach unten auf das Steuersatzlager, um die gesamte Baugruppe abzudichten.

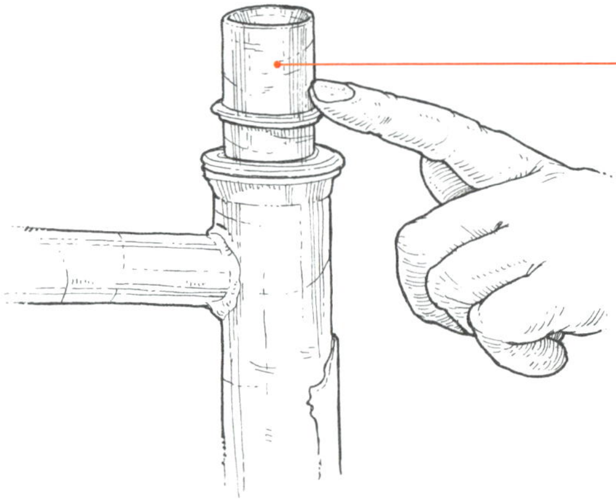

4

Zu der Baugruppe gehört möglicherweise ein separater Kompressionsring, um sie fest am Gabelschaft zu halten. Wenn das der Fall ist, ziehen Sie diesen Ring über den Schaft und drücken ihn fest an seinen Platz – Sie sollten keine Gewalt anwenden müssen. Die Gabel ist nun im Steuerrohr verankert; Sie können sie jetzt loslassen.

5

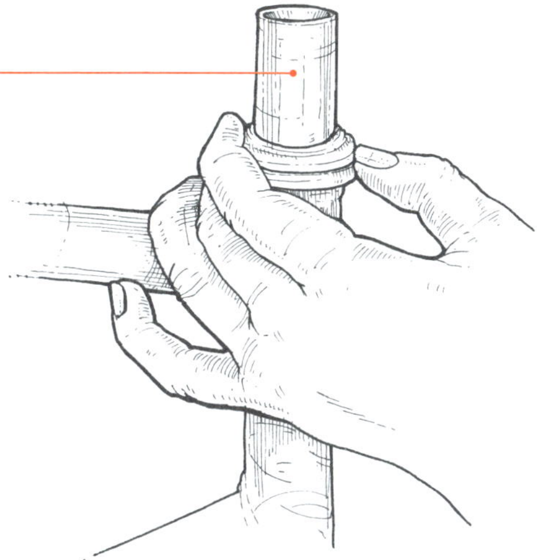

Am oberen Ende der Gruppe befindet sich ein Stück nackter Gabelschaft: Hier werden der Vorbau und gegebenenfalls die Abstandhalter montiert. Sie können die Höhe des Vorbaus (mithilfe von Abstandhaltern, die entweder oberhalb oder unterhalb des Vorbaus angebracht werden) so einstellen, wie es für Sie am bequemsten ist; das werden Sie nach einigen Fahrten mit Ihrem neuen Rad schon merken. Vorerst müssen Sie nur den Vorbau anbringen, damit Sie mit dem Bau Ihres Bikes fortfahren können.

Lösen Sie die beiden Sechskantschrauben an der Rückseite des Vorbaus und schieben Sie ihn auf den Gabelschaft. Sollte ein Stück blankes Rohr darüber hinausragen, fügen Sie oben oder unten einen oder mehrere Abstandhalter hinzu, bis die Oberseite des Schaftes darin verborgen und etwa 3 mm versenkt ist.

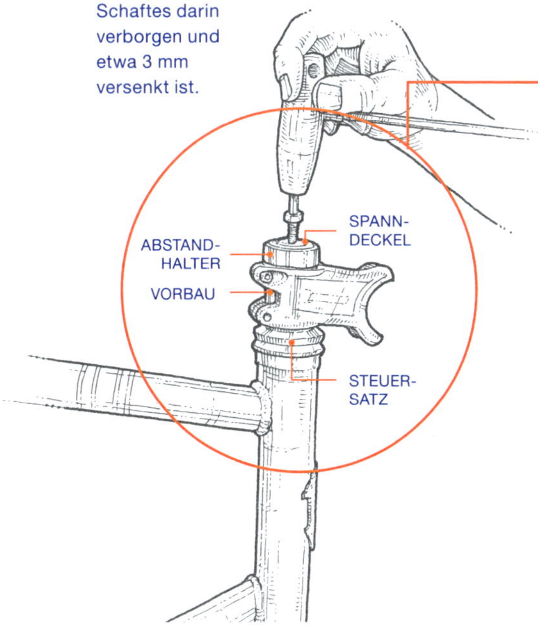

6

Setzen Sie den Spanndeckel wieder auf und fetten Sie dann die Spannschraube etwas ein. Ziehen Sie die Schraube mit einem Inbusschlüssel durch das Loch in der Mitte des Spanndeckels an; sie fügt sich in das Gewinde im Inneren des Rohrs ein und zieht den Spanndeckel fest. Drücken Sie gleichzeitig die Gabel von unten nach oben, sodass der Gabelkonus wirklich einrastet. Zieht sich die Spannschraube an, drückt sie den Spanndeckel auf die Abstandhalter und den Schaft und zieht beide Lager fest. Ziehen Sie sie nicht zu stark an – die Gabel sollte sich reibungslos und ohne großen Widerstand drehen; dies lässt sich später feinjustieren. Zum Schluss ziehen Sie die Inbusschrauben am Vorbau fest und achten dabei darauf, dass dieser nach vorne zeigt.

2.7 Montage einer Gewindegabel und eines klassischen Vorbaus

Es ist eher unwahrscheinlich, dass Sie eine Gewindegabel verwenden, wenn Sie ein neues Fahrrad bauen. Wenn Sie jedoch einen alten Rahmen und eine alte Gabel restaurieren oder umbauen, wird letztere vielleicht ein Gewinde haben. Das war lange Standard und wird immer noch bei vielen preiswerteren Citybikes verwendet.

Der Vorteil ist, dass Sie hier sehr flexibel sind, das heißt, Sie können den Vorbau schnell und einfach in der Höhe verstellen. Andererseits bedeutet es ein höheres Gewicht, und der Vorbau muss gelegentlich entfernt, gereinigt und nachgefettet werden, damit er sich nicht verklemmt. Außerdem muss der Gabelschaft auf die richtige Länge für das Steuerrohr zugeschnitten werden – was Sie aber nicht kümmern muss, wenn Sie eine ältere Kombination aus Rahmen und Gabel restaurieren.

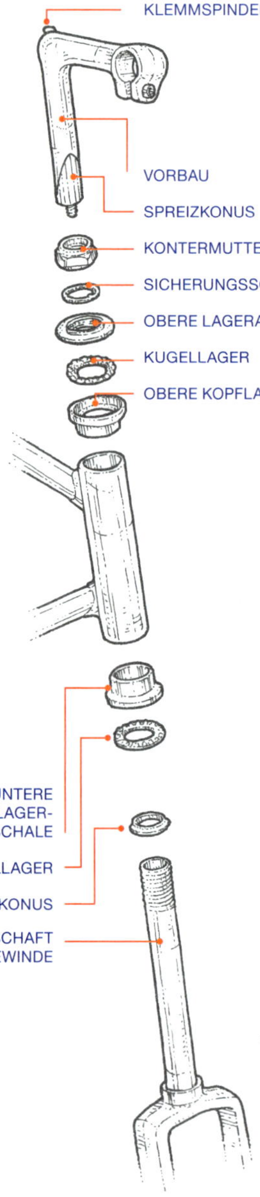

1

Klemmen Sie den Rahmen gerade in den Montageständer, sodass sich das Steuerrohr auf Taillenhöhe befindet. Schmieren Sie etwas Fett auf die Innenseiten der oberen und unteren Kopflagerschale des Steuerrohrs und setzen Sie dann die Lager in die Schalen ein. Hierbei kann es sich um offene oder geschlossene Lager handeln. Bei einem offenen Lager werden die Kugeln durch einen Leichtmetallkäfig gehalten, und Sie können die Kugeln sehen. Vergewissern Sie sich, dass Sie sie richtig herum einbauen: Geschlossene Lager haben ein Profil, das genau in die Schale passt.

2

Jetzt wird das Kugellager für den Gabelkonus montiert. Fetten Sie den Ring des Gabelkonus und die gesamte Länge des Rohrs mitsamt Gewinde etwas ein. Wenn Sie geschlossene Lager haben, schieben Sie diese über den Gabelschaft; achten Sie darauf, dass sie genau in die untere Kopflagerschale des Steuerrohrs passen.

Haben Sie offene Lager, schmieren Sie diese wie bei den oberen Lagern ein und setzen sie so in die Schale, dass die flache Seite des Käfigs nach außen zeigt, danach bringen Sie die Staubdichtung an; beide werden durch das Fett an der richtigen Stelle gehalten.

3

Führen Sie den Gabelschaft vorsichtig durch das Steuerrohr, bis er oben herausragt und die untere Kopflagerschale und der Gabelkonus die Lager unten greifen. Halten Sie die Gabel mit einer Hand fest und schrauben Sie die obere Lagerabdeckung (mit den Fingern) nach unten, bis sie bündig mit der oberen Kopflagerschale des Steuerrohrs ist.

Bei offenen Lagern müssen Sie etwas experimentieren: Wenn die obere Lagerabdeckung zu fest angeschraubt ist, ist die Lenkung steif und schleift; sitzt sie zu locker, wackelt die Gabel. Lockern und ziehen Sie die Lagerabdeckung in kleinen Schritten an, drehen Sie die Gabel und achten Sie darauf, dass sie sich leicht bewegen lässt. Ziehen Sie dann die Sicherungsscheibe über den Gabelschaft und schrauben die Kontermutter mit einem Schraubenschlüssel oder einem verstellbaren Rollgabelschlüssel (einem „Engländer") fest. Achten Sie jedoch darauf, dass Sie nicht gleichzeitig das Steuersatzlager anziehen.

Sollten Sie geschlossene Lager montieren, müssen Sie nur die obere Lagerabdeckung mit den Fingern anziehen, damit sie gut sitzt und nicht wackelt. Ziehen Sie dann die Unterlegscheibe über den Gabelschaft und schrauben Sie die Kontermutter mit einem Schraubenschlüssel oben fest. Wenn der Schaft mehr als ein paar Millimeter über die Kontermutter hinausragt, muss die überschüssige Länge mit einer Bügelsäge abgesägt werden.

4

Nachdem Sie die Gabel sicher eingebaut haben, geht es nun an den Vorbau. Fetten Sie zunächst den unteren Teil des Vorbaus, den Spreizkonus, und die Klemmspindel ein, die ihn zusammenhält. Führen Sie den Vorbau mit gelockertem Spreizkonus in den Gabelschaft ein und ziehen Sie dann die Klemmspindel oben fest an, bis sich der Konus spreizt und dadurch den Vorbau fest im Schaft verkeilt; die Höhe können Sie später einstellen.

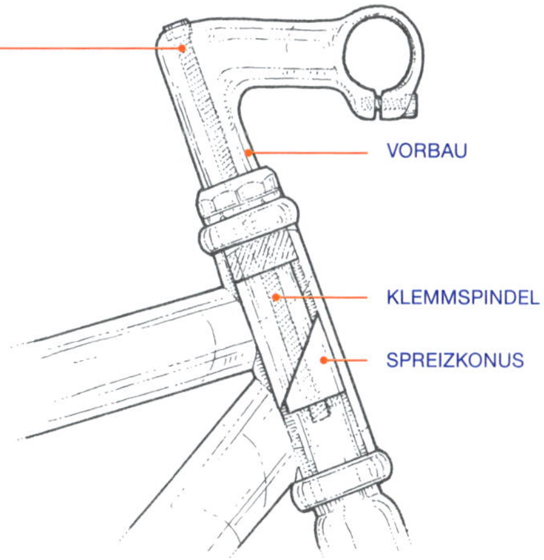

2.8 Anbringen des Lenkers an den Vorbau

Lenker lassen sich leicht anbringen, an klassischen Vorbauten (mit Gewindesteuersatz und Gabel mit Gewinde) wie an modernen Ahead-Vorbauten (für gewindelose Gabelschäfte). Natürlich muss der Durchmesser des Lenkers in der Mitte mit der Öffnung am vorderen Ende des Vorbaus übereinstimmen.

Einen gebrauchten Lenker mit klebrigen Lenkerbandresten sollten Sie vor dem Einbau mit Klebstoffreiniger und einem (Scheuer-)Schwamm reinigen. Die meisten Lenker haben eine Mittelmarkierung, um sie symmetrisch ausrichten zu können.

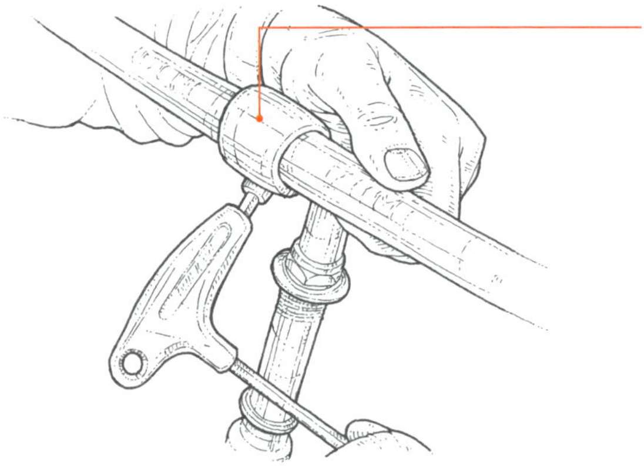

Montage des Lenkers an einen klassischen Vorbau

Lösen Sie die Schraube an der Unterseite mit einem Inbusschlüssel (oder einem kleinen Schraubenschlüssel, je nach Schraubenkopf) so weit, bis der Lenker durch die Öffnung passt. Fetten Sie das Gewinde der Schraube leicht ein. Fädeln Sie den Lenker ein und rütteln Sie etwas, wenn Sie zu den Biegungen kommen, bis der Lenker mittig und gerade ist. Ziehen Sie die Schraube fest an, damit der Lenker sich nicht dreht.

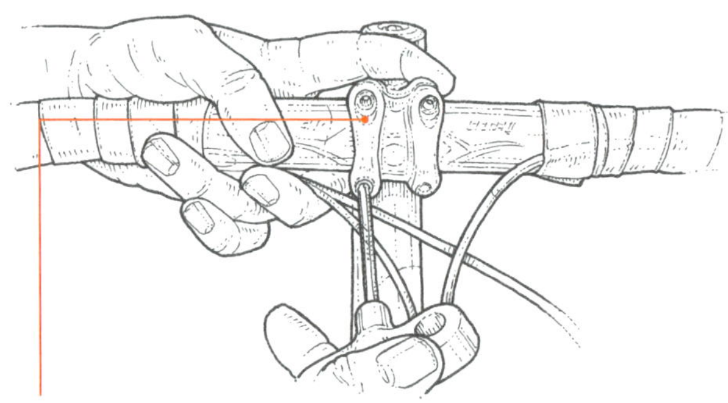

Anbringen des Lenkers an einen separaten Vorbau (Ahead-Vorbau)

Entfernen Sie die Frontplatte und lösen Sie mit einem Inbusschlüssel die vier Schrauben, fetten Sie sie etwas ein und halten Sie dann die Mitte des Lenkers in die Krümmung der Vorderseite des Vorbaus. Setzen Sie die Frontplatte wieder auf den Vorbau und befestigen Sie sie mit den Schrauben. Vergewissern Sie sich, dass der Lenker genau mittig und gerade ist, bevor Sie die Schrauben fest anziehen.

Die ersten zwei Schrauben sollten sich diagonal gegenüberliegen. Ziehen Sie sie abwechselnd an, damit die Frontplatte oben und unten gleichmäßig fixiert wird.

2.9 Anbringen der Schalthebel und Bremsgriffe an einen Rennlenker

Da der Lenker an seinem Platz ist, werden jetzt die Schalthebel und Bremsgriffe angebracht, die bei einem Rennlenker wahrscheinlich in je einem Hebel für die linke und rechte Seite integriert sind. Die Befestigungsschraube und die Führungslöcher für die Brems- und Schaltzüge liegen unter einer Schutzabdeckung aus Gummi.

Lange saßen die Schalthebel am Unterrohr, sodass man zum Schalten nach unten greifen und dabei den Lenker loslassen musste. Erfreulicherweise finden heute fast alle Gangwechsel durch Hebel, Drehgriffe oder Schalter am Lenker statt, wodurch das Schalten schneller, sicherer und zuverlässiger geworden ist.

Im Lieferumfang eines neuen Bremsschalthebels ist wahrscheinlich ein Bowdenzug enthalten, das ist der Schaltzug; lassen Sie ihn vorerst als Schlaufe aufgewickelt. Um Bremsschalthebel an einen Rennlenker zu montieren, rollen Sie die Oberseite der Gummiabdeckung so weit auf, bis der Kopf einer Sechskantschraube (oder möglicherweise einer P25-Schraube) darunter zum Vorschein kommt. Mit dieser Schraube wird die Metallschelle, die die Bremsschalthebel am Lenker fixiert, festgezogen oder gelockert.

Lösen Sie die Schelle etwas, indem Sie die Schraube gegen den Uhrzeigersinn drehen, fädeln Sie sie dann um das Ende des Lenkers (überprüfen Sie, ob sich der Hebel auf der richtigen Seite befindet) und schieben Sie sie so weit hoch, bis sie fast oben ist. Ziehen Sie die Schelle mit derselben Schraube fest. Die genaue Position der Hebel stellen Sie später ein, in der Zwischenzeit können Sie die Schaltung und die Bremsen anbringen.

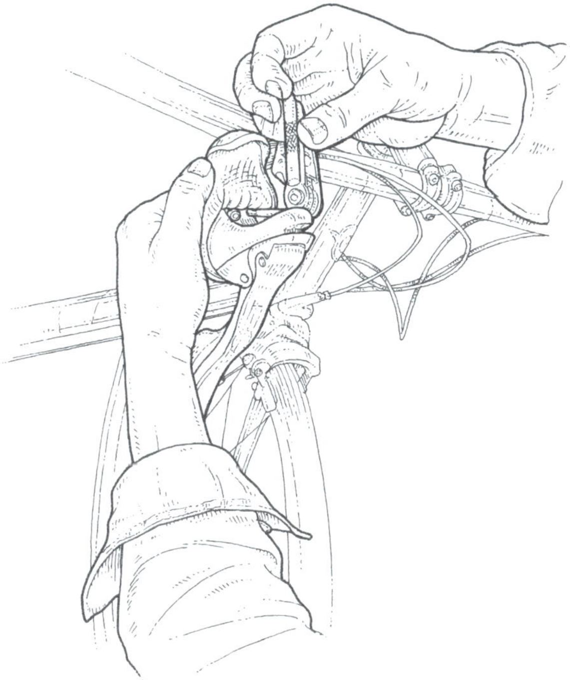

2.10 Montage der Schalthebel und Bremsgriffe an einen geraden Lenker

Die Brems- und Schalthebel lassen sich bei geraden Lenkern, auch Flat-bar-Lenker genannt, wesentlich leichter aufschieben, und es ist auch kein Lenkerband erforderlich. Die Montage ist unterschiedlich, schauen Sie sich erst die Schraube an, mit der die Griffe angezogen werden, bevor Sie diese auf den Lenker schieben.

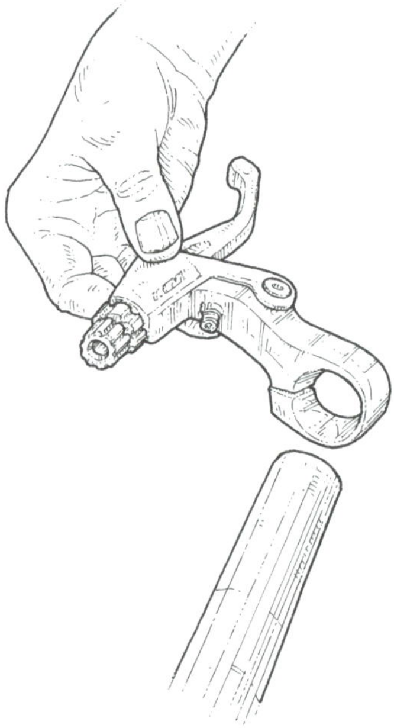

1

Achten Sie darauf, dass der Lenker fest und mittig im Vorbau sitzt. Die meisten Lenker haben eine Mittelmarkierung.

2

Vergewissern Sie sich, welche Brems- und Schalthebel auf die linke und die rechte Seite gehören, und machen Sie die Befestigungsschrauben der Hebel ausfindig.

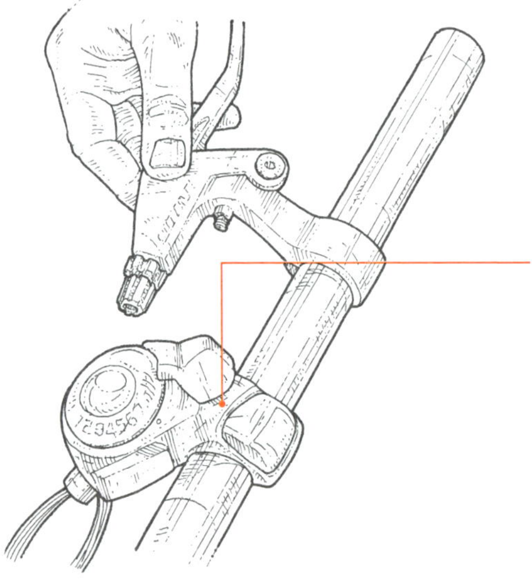

3

Wenn es sich um eine separate Baugruppe in Form eines Trigger-Schalthebels handelt, dann schieben Sie ihn als Erstes über das Lenkerrohr, danach folgen der Bremshebel und schließlich der Griff. Griffe lassen sich oft nur schwer aufschieben, aber Haarspray ist ein effektives und sauberes Schmiermittel – sprühen Sie etwas in die Griffe und bringen Sie sie schnell an, bevor das Spray verdunstet.

4

Falls es sich bei dem Schalthebel um einen separaten Drehgriffschalter handelt, montieren Sie ihn nach dem Bremshebel, sodass er in diesem eingebettet ist.

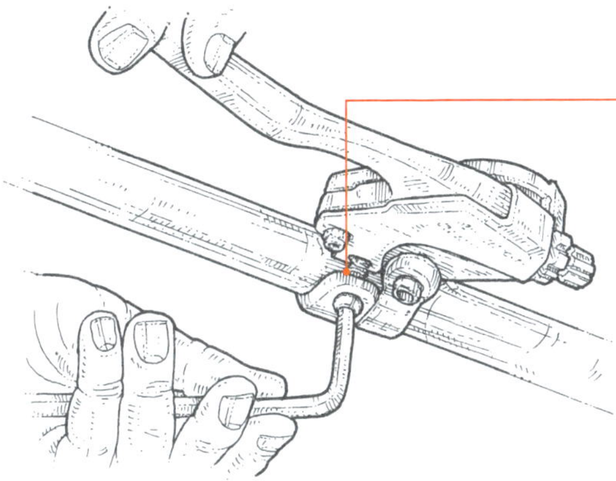

5

Vergewissern Sie sich, dass der Griff fest sitzt, und ziehen Sie dann die Schalt- und Bremshebel fest, sodass sie auf die Position Ihrer Hände ausgerichtet sind. Normalerweise sollte zwischen den inneren Griffenden und den Hebeln etwas Platz sein; eventuell ist ein Abstandhalter vorhanden, um dies leicht hinzubekommen. Neigen Sie die Bremshebel um etwa 45° nach unten, damit Ihre Finger sie bequemer greifen können.

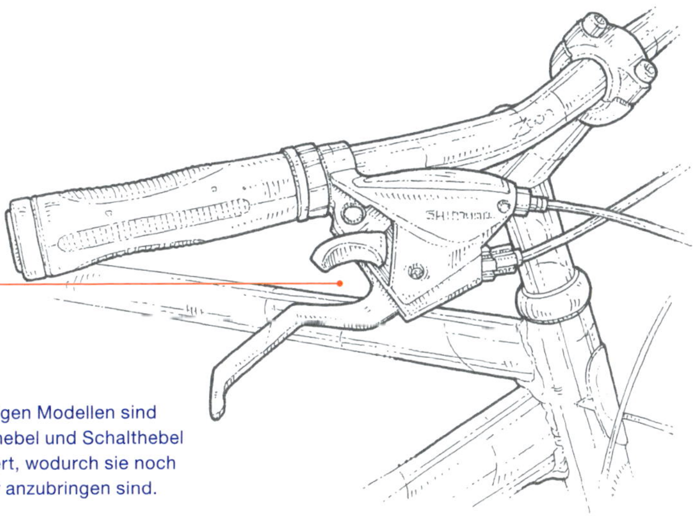

Bei einigen Modellen sind Bremshebel und Schalthebel integriert, wodurch sie noch leichter anzubringen sind.

2.11 Die Bremsen

Wie auf Seite 26 besprochen, wird die Art der Bremsen durch die Befestigungsmöglichkeiten am Rahmen bestimmt. Hier werfen wir einen Blick auf die beiden beliebtesten Arten: Scheibenbremsen und Felgenbremsen.

Welche der beiden Sie auch verwenden, die Feinabstimmung erfolgt später, wenn Sie die Laufräder eingesetzt haben. Bei der Montage führen Sie erst einmal die Züge nach unten und verbinden die Bremssättel mit ihren Hebeln.

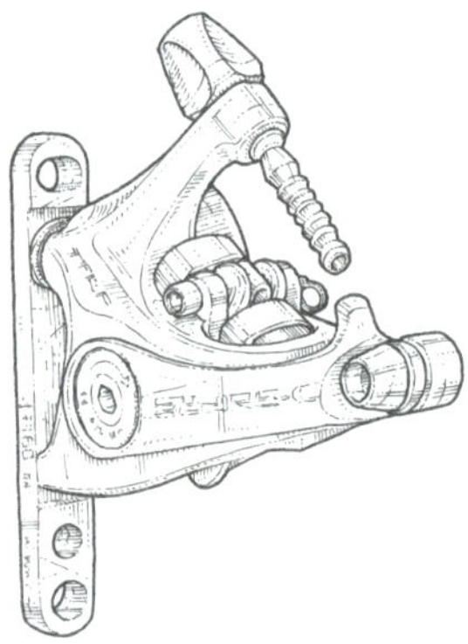

FLATMOUNT-BREMSSATTEL

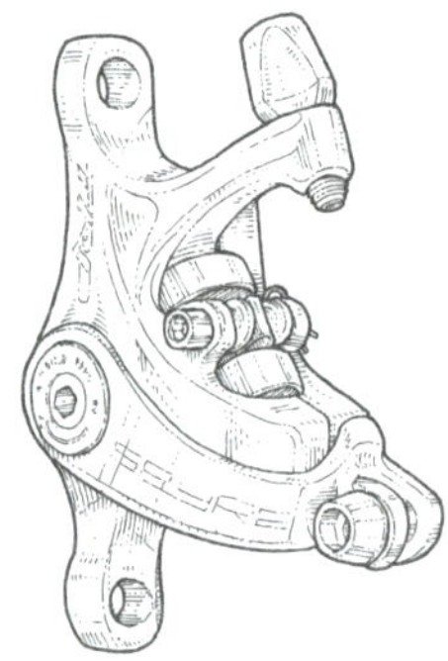

POSTMOUNT-BREMSSATTEL

Anbringen der Scheibenbremssättel

Scheibenbremsen werden an spezielle Aufnahmen an Rahmen und Gabel geschraubt und funktionieren, indem Druck auf eine Metallscheibe (die Bremsscheibe, auf die wir später noch eingehen) ausgeübt wird, die in der Mitte des Rads montiert ist. Zudem werden noch Bremssättel am Rahmen befestigt (diese drücken bei Betätigung der Bremse gegen die Scheibe), die jeweils mit einem Bremszug mit den am Lenker angebrachten Hebeln verbunden werden. Fetten Sie die Befestigungsschrauben etwas ein und montieren Sie die Bremssättel damit an den Halterungen. Ziehen Sie die Schrauben nicht ganz fest; es muss ein wenig Spiel zur Seite bleiben, um später die Feinabstimmung der Bremsen vorzunehmen.

Die Bremsscheiben sind in vier Größen erhältlich: mit 140, 160, 180 oder 200 mm Durchmesser. Die Größe hängt von der Position der Halterungen am Rahmen ab.

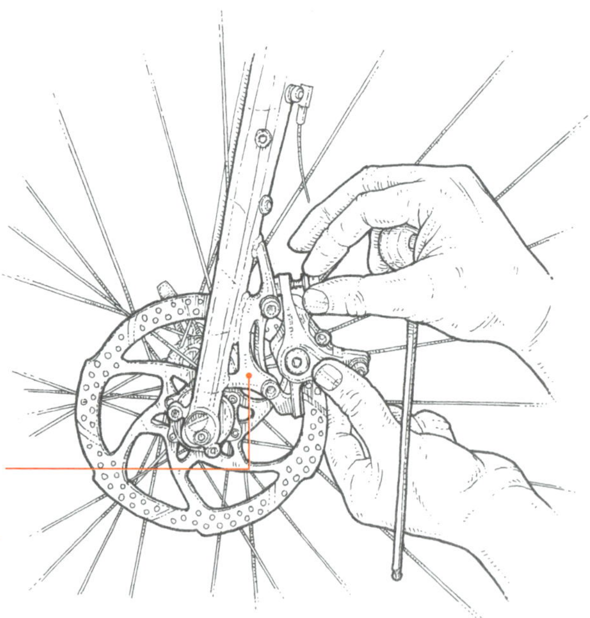

BREMSSCHEIBE MIT POSTMOUNT-BREMSSATTEL AN DER VORDERGABEL

Montage der Felgenbremssättel

Felgenbremssättel sind auf Bolzen montiert, die durch Löcher im Rahmen und in der Gabel gesteckt werden: Sie drücken von beiden Seiten Bremsklötze aus Gummi auf die Felge des Rads.

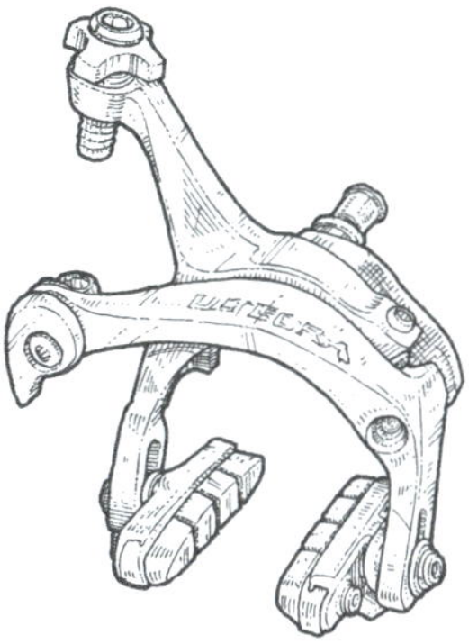

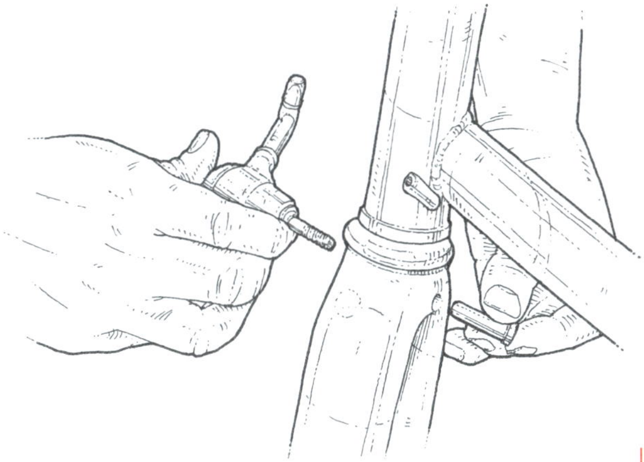

1

An der Vorderradbremse befindet sich eine Schraube, die durch ein Loch in der Gabel, das sich direkt unter dem Gabelkonus befindet, eingeführt wird. Fetten Sie die Schraube vorher etwas ein.

2

Eine sich versenkende Mutter wird auf die Schraube gedreht; ziehen Sie sie fest an. Wiederholen Sie den Vorgang an der Hinterradbremse, bei der die gleiche Schraube durch ein Loch in der Bremsbrücke zwischen den Sitzstreben eingeführt wird.

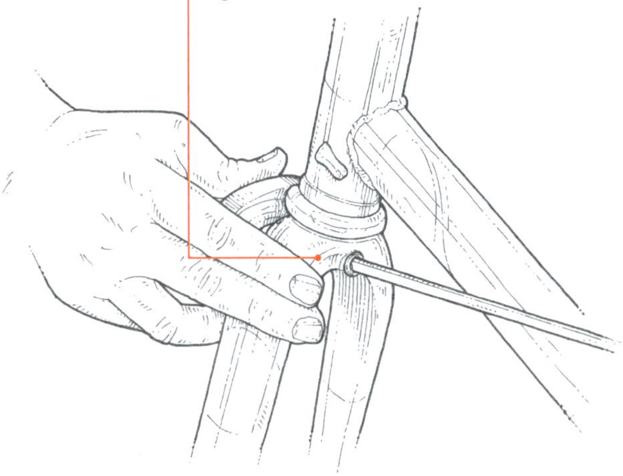

Hydraulische Bremssysteme

In den vergangenen Jahren sind hydraulische Scheibenbremsen auf den Markt gekommen, die von den großen Herstellern am oberen Ende ihres Sortiments angeboten werden. Hier werden die Bremssättel nicht durch Ziehen eines Drahtkabels geschlossen, sondern durch Hydraulikflüssigkeit, die die Bremsbeläge entlang abgedichteter Schläuche über einen Kolben an die Felge drückt. Hydraulikbremsen sind teurer und schwieriger einzurichten als kabelbetätigte Bremsen und eher für sportlich ambitionierte Fahrer. Sie werden in diesem Buch nicht behandelt.

2.12 Der Umwerfer

Die meisten Komplettgruppen enthalten einen Umwerfer, der die Kette zwischen zwei oder drei Kettenblättern an der Tretkurbel transportiert.

Der Umwerferkäfig, durch den die Kette führt, bewegt sich im Verhältnis zu seiner Position am Sitzrohr nach innen und nach außen, wobei die Kette so verschoben wird, dass sie in unterschiedlich große Kettenblätter greift. Durch erhöhte Spannung am Schaltzug wird der Käfig nach außen und die Kette auf das größte Kettenblatt geschoben, was zu einer höheren Übersetzung führt. Wird die Spannung des Schaltzugs verringert, bewegt sich der Umwerferkäfig nach innen, sodass die Kette auf das kleinere Kettenblatt fällt, und das Ergebnis ist eine niedrigere Übersetzung. Dieser Gangwechsel funktioniert nur, wenn Kette und Kettenblätter in Bewegung sind.

Die meisten Umwerfer funktionieren problemlos mit vielen Ketten und (Brems-)Schalthebeln, wodurch weniger Kompatibilitätsprobleme auftreten als beim Schaltwerk. Ein dreifaches Kettenblatt erfordert einen speziellen dreifachen Umwerfer, der ein größeres Leitblech an der Innenseite des Käfigs hat.

Umwerfer gibt es in zwei Ausführungen: entweder mit Metallschelle oder sie werden am Anlötsockel des Rahmens befestigt. Für welche Variante Sie sich entscheiden, wird durch Ihren Rahmen bestimmt. Mit einer Schelle wird der Umwerfer fest mit dem Sitzrohr verbunden; Durchmesser von Sitzrohr und Schelle müssen übereinstimmen. Sämtliche Anlötsockel entsprechen einer gemeinsamen Norm, die Kompatibilität stellt daher kein Problem dar.

Das Kettenblatt (und damit auch das Tretlager und der Kurbelsatz) müssen bereits angebracht sein, bevor Sie den Umwerfer montieren, da seine Positionierung am Sitzrohr vom Durchmesser des größten Kettenblatts abhängt.

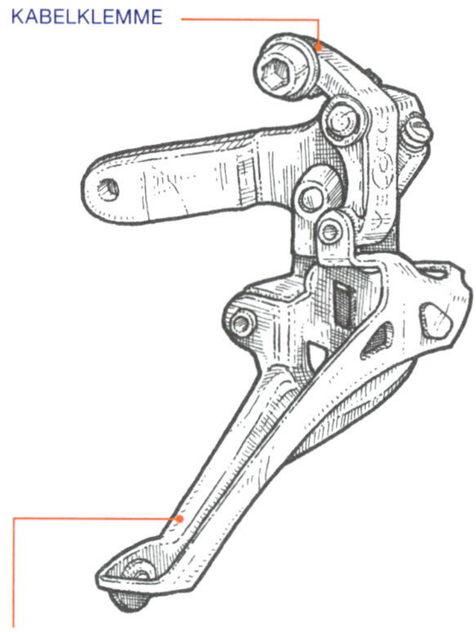

DER UMWERFERKÄFIG BESTEHT AUS EINEM INNEREN UND EINEM ÄUSSEREN LEITBLECH.

Umwerfer für Anlötsockel

Dieser Umwerfer wird auf die sogenannten Anlötsockel des Rahmens geschraubt (die eigentlich „Schraubsockel“ heißen müssten).

Anlötsockel ermöglichen die Anbringung des Umwerfers in verschiedenen Höhen. Schrauben Sie den Umwerfer an die Halterung und ziehen Sie ihn handfest an, sodass er nicht verrutscht. Verschieben Sie dann den Umwerfer so, dass die Außenkante des Käfigs etwa 2 mm über den Zähnen des größten Kettenblatts liegt; ziehen Sie danach die Schraube an der Klemme mit einem Inbusschlüssel fest.

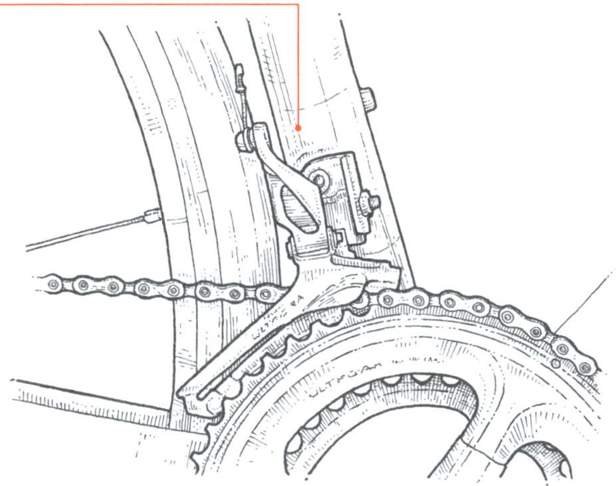

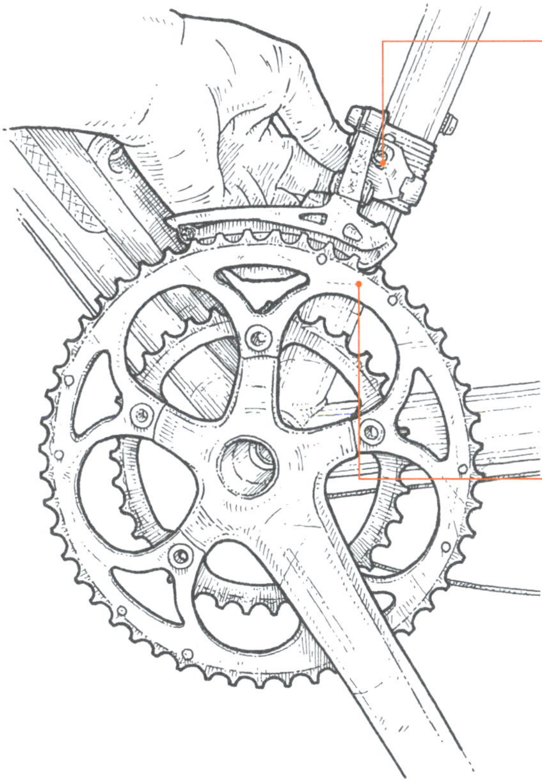

Umwerfer mit Metallschelle

Befestigen Sie die Schelle um das Sitzrohr und ziehen Sie sie handfest an, damit sie bleibt, wo sie ist. Positionieren Sie dann den Umwerfer so, dass die Außenkante des Käfigs ca. 2 mm über den Zähnen des größten Kettenblatts liegt, und ziehen Sie die Schraube an der Klemme mit einem Inbusschlüssel fest.

Die Krümmung des Umwerferkäfigs sollte exakt mit der des Kettenblatts übereinstimmen. Bei einigen neuen Umwerfern befindet sich ein Aufkleber auf dem Käfig, der die optimale Ausrichtung angibt.

2.13 Das Schaltwerk

Von allen Komponenten des Fahrrads ist das Schaltwerk vielleicht die genialste. Mit einer kleinen Bewegung der Kette von der einen Seite zur anderen kann das Schaltwerk die Kraftübertragung auf das Hinterrad sofort verändern und damit auf Anstiege oder Abfahrten anpassen.

Bei einer modernen Gangschaltung dient der Schalthebel dazu, die Länge des Schaltzugs, der Schalthebel und -werk verbindet, genau einzustellen; Gleiches gilt für das Schaltwerk – es schiebt die Kette auf der Kassette präzise von Ritzel zu Ritzel. Die Grundzüge dieses Mechanismus sind seit Jahrzehnten unverändert und wurden so verfeinert, dass eine winzige Bewegung am Schalthebel genügt, um hoch- oder herunterzuschalten. Eine solche Präzision muss zwei Anforderungen erfüllen. Erstens muss der Käfig des Schaltwerks lang genug sein, um die Anzahl der Gänge bzw. Ritzel auf der Kassette zu bewältigen. Eine umfangreiche Kassette, mit großen Ritzeln in den kleinen Gängen, erfordert daher ein Schaltwerk mit langem Käfig. Zweitens müssen die heutigen empfindlichen Schaltwerke sorgfältig eingestellt werden.

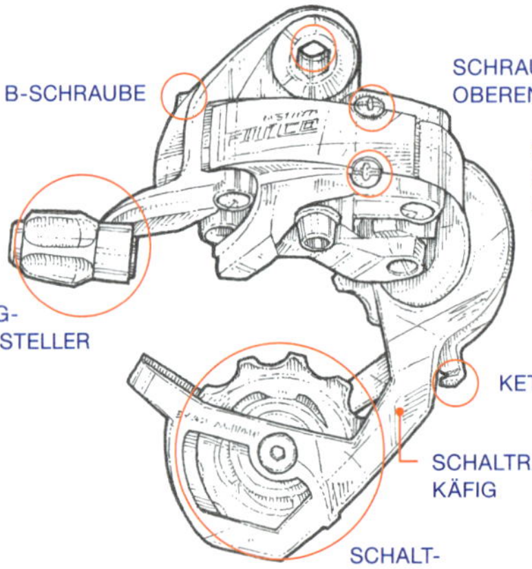

Schaltwerke unterscheiden sich zwar im Aufbau, weisen jedoch die gleichen wesentlichen Bestandteile auf. Bevor Sie das Schaltwerk anbringen, vergewissern Sie sich, dass Sie folgende Teile vorfinden: die Befestigungsschraube, die Schrauben für den unteren und den oberen Endanschlag (meistens mit H und L gekennzeichnet), die B-Schraube (für die Umschlingung: verstellt die Höhe des oberen Schalträdchens, der Leitrolle) unter der Befestigungsschraube (falls vorhanden; einige Schaltwerke haben keine), die Fase für die Anbringung an das Schaltauge (falls keine B-Schraube vorhanden ist), die Kabelklemmschraube und den Zugeinsteller. Die beiden Schalträdchen führen die Kette durch das Schaltwerk. Beachten Sie auch die Kettenführung, unter der die Kette eingefädelt wird.

Montage des Schaltwerks

Das Schaltwerk wird direkt an das Schaltauge angebracht. Dies ist entweder ein Teil des Rahmens (auf der rechten, hinteren Seite unter dem Ausfallende, in der Regel bei Stahlrahmen) oder ein separates Stück Aluminium, das an der Stelle mit dem Rahmen verschraubt wird, an der sich die Ketten- und Sitzstreben treffen. Hier ist das integrierte Schaltauge an einem Stahlrahmen abgebildet. Beachten Sie die Fase an der Unterseite des Schaltauges.

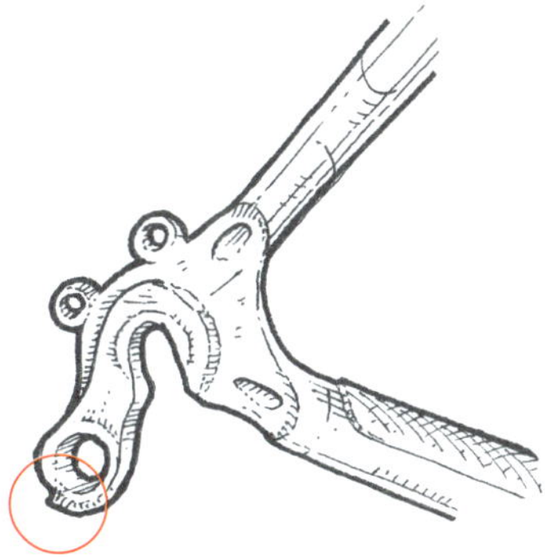

FASE AM UNTEREN ENDE DES SCHALTAUGES

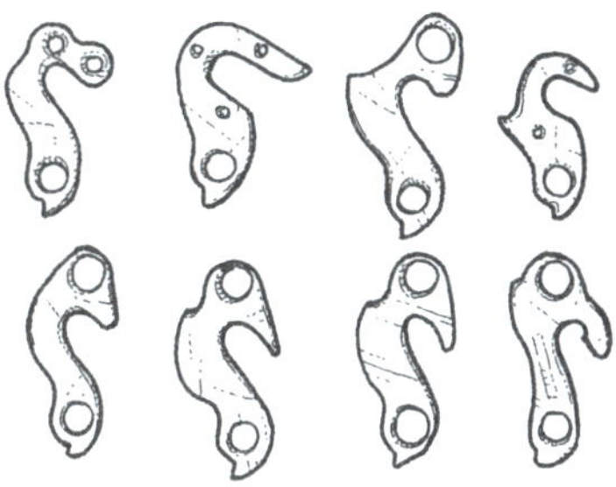

Schaltaugen

Es gibt Hunderte verschiedener Modelle von Schaltaugen: Sollte Ihr Rahmen eins benötigen, aber keins haben (was durchaus möglich ist, wenn Sie mit einem gebrauchten Rahmen arbeiten), finden Sie im Internet Händler, die Ihnen helfen können.

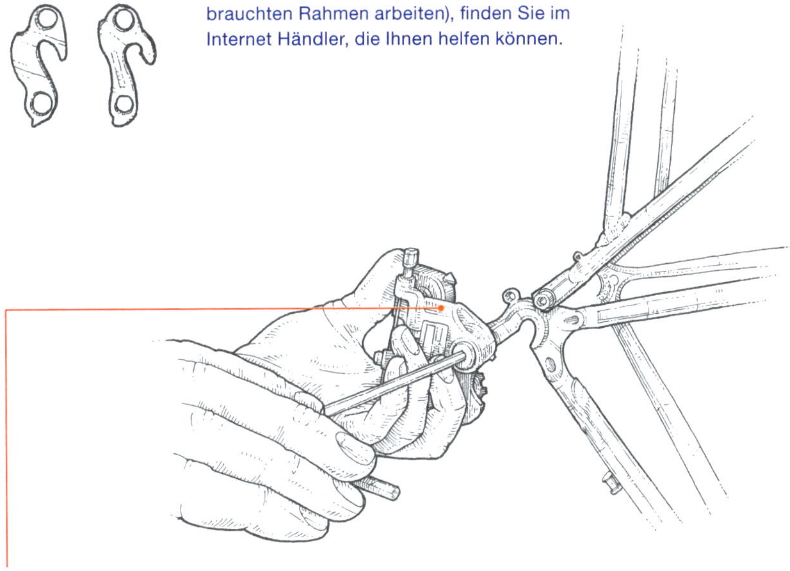

Spannen Sie den Rahmen in einer für Sie bequemen Arbeitshöhe in den Montageständer. Wenn Sie ein separates Schaltauge haben, bringen Sie es vorsichtig an, indem Sie die Befestigungsschrauben und die Fläche zwischen dem Ausfallende des Rahmens und dem Schaltauge etwas einfetten, bevor Sie es festschrauben. Nehmen Sie nun das Schaltwerk. Fetten Sie das Gewinde an der Befestigungsschraube etwas ein. Neben der Schraube befindet sich entweder eine Fase oder die B-Schraube. Die Fase des Schaltwerks muss exakt auf der entsprechenden Fase an der Unterseite des Schaltauges sitzen; drehen Sie das Schaltauge im Uhrzeigersinn so lange, bis dies der Fall ist. Schrauben Sie dann mit einem Inbusschlüssel die Befestigungsschraube vorsichtig in das Schaltauge und ziehen Sie sie fest.

Achten Sie darauf, dass sich die Befestigungsschraube beim Eindrehen nicht verkantet und dass die B-Schraube hinter der Fase des Schaltauges sitzt. Ziehen Sie sie fest, bis das Schaltwerk bündig mit dem Aufhänger abschließt.

2.14 Schalt- und Bremszüge verlegen

Da nun der Lenker, die Kettenschaltung und die Bremssättel montiert sind, ist es an der Zeit, die Schalt-und Bremszüge zu verlegen. Das bedeutet etwas Fummelarbeit mit kleinen Teilen, also nehmen Sie sich einen Behälter, um sie darin aufzubewahren.

Brems- und Schaltzüge funktionieren nach dem gleichen Prinzip: Ein Bowdenzug wird durch eine Stahlhülle geführt, die sich nicht zusammendrücken lässt. Wird der Zug an einem Ende gezogen, wiederholt sich die Zugkraft im gleichen Maße am anderen Ende. Da die Kabelhülle biegsam ist, kann die Zugkraft um das Fahrrad herumgeführt werden, wobei auch die Richtung geändert werden kann. Das erfordert aber, dass alle Kabelhüllen an beiden Enden sicher befestigt sind.

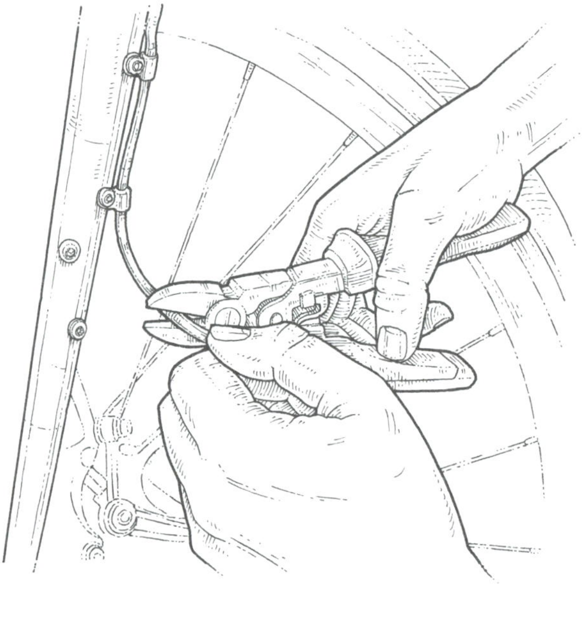

Sie benötigen einen Drahtschneider: Sowohl die Kabelhüllen als auch die Bowdenzüge sind hart und müssen sauber abgekniffen werden. Eine Zange funktioniert nicht.

Abhängig von Ihren Bremsen und Ihrer Gangschaltung gibt die folgende Tabelle an, wie viel Bowdenzug Sie benötigen (die Maße sind großzügig bemessen; Sie sollten also ein paar Zentimeter übrig haben).

BREMSZÜGE	
Für Scheibenbremsen	90 cm (vorne) + 160 cm (hinten) = 250 cm
Für Felgenbremsen	20 + 50 cm (hinten) + 50 cm (vorne) = 120 cm

SCHALTZÜGE	
Umwerfer	60 cm (in den Schalthebel)
Schaltwerk	60 cm (in den Schalthebel) + 30 cm (in den Umwerfer) = 90 cm
	Insgesamt = 150 cm

Verlegung der Schaltzüge im Rahmen

Bei vielen modernen Rahmen werden die Bowdenzüge in den Rahmenrohren verlegt. An den Ein- und Ausgangsstellen befinden sich Kabelführungen aus Kunststoff. Es gibt dabei von Rahmen zu Rahmen erhebliche Unterschiede, weshalb ich hier nicht darauf eingehe. Eine Innenverlegung macht zwar optisch viel her, aber viele finden die Arbeit nervig bzw. frustrierend. Wenn Sie sich für eine Innenverlegung entscheiden, lesen Sie die Anweisungen des Rahmenherstellers und besorgen Sie sich einen kleinen Metallhaken, um die Züge aus den Öffnungen im Rahmen herauszufischen.

Sie benötigen außerdem genügend Kabelhüllen für die Brems- und Schaltzüge. Beachten Sie, dass die Hüllen für die Züge nicht den gleichen Durchmesser haben und innen unterschiedlich aufgebaut sind: Die Hüllen für die Bremszüge sind stabiler, um den vom Hebel ausgeübten Kräften standzuhalten. Die Schaltzughüllen sind so konzipiert, dass sie nicht komprimieren, wodurch sie für die präziseren, weniger kraftvollen Bewegungen der Schaltzüge besser geeignet sind. Aus diesem Grund haben die Hüllen der Bremszüge einen etwas größeren Durchmesser als die der Schaltzüge. Über deren Enden werden Aderendhülsen (kleine Metall- oder Kunststoffkappen) angebracht, damit die Hüllen nicht auseinanderspreizen.

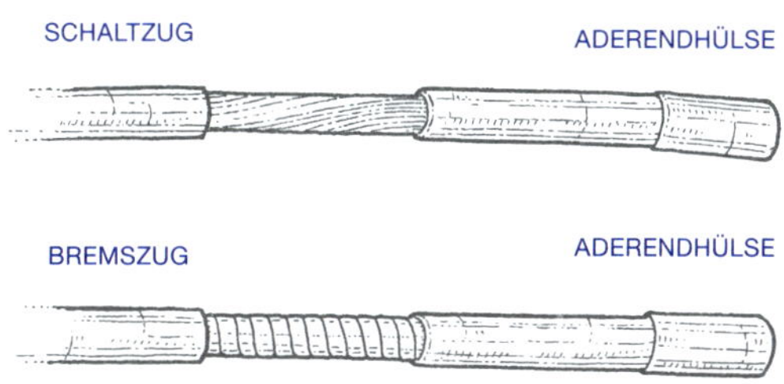

TIP: Achten Sie darauf, dass die Enden der Bowdenzüge nicht ausfransen, wenn Sie sie durch die Hülle drücken. Falls sich einer der Fäden des Zugs löst, können Sie ihn vorsichtig wieder aufwickeln. Wenn der ganze Zug so endet, müssen Sie ihn zurückschneiden und von vorne beginnen – falls Sie genug übrighaben.

Verlegen der Schaltzüge

In der nebenstehenden Abbildung ist die Kabelführung orange markiert. Bei einigen Schalthebeln sind die Züge bereits vormontiert und ragen unten am Hebel heraus. Wenn dies der Fall ist, überspringen Sie die Schritte 2 und 3 auf dieser Seite. Vergewissern Sie sich, dass Sie die (dünnere) Hülle für den Schaltzug nehmen, nicht die für den Bremszug.

HINWEIS: Die meisten neuen Kabelhüllen sind innen mit Teflon beschichtet, sodass sie nicht eingefettet werden müssen.

1

Befestigen Sie die Schaltzugführung an der Unterseite des Tretlagergehäuses. Je nachdem, was Sie genau anbringen möchten, müssen bis zu drei Züge verlegt werden: für Umwerfer, Schaltwerk und hintere Scheibenbremse. (Das abgebildete Beispiel zeigt keinen Zug für die Scheibenbremse.)

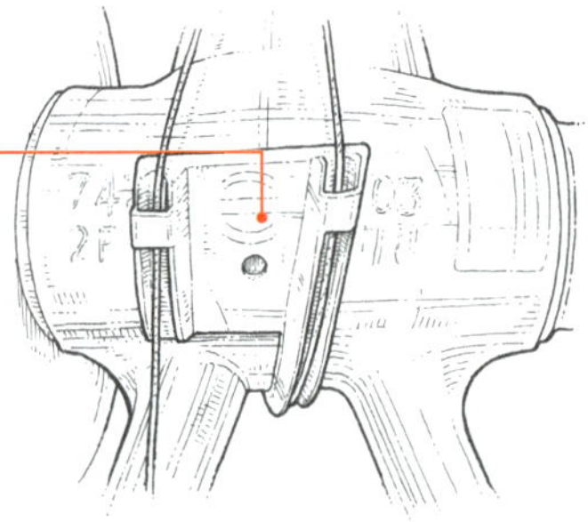

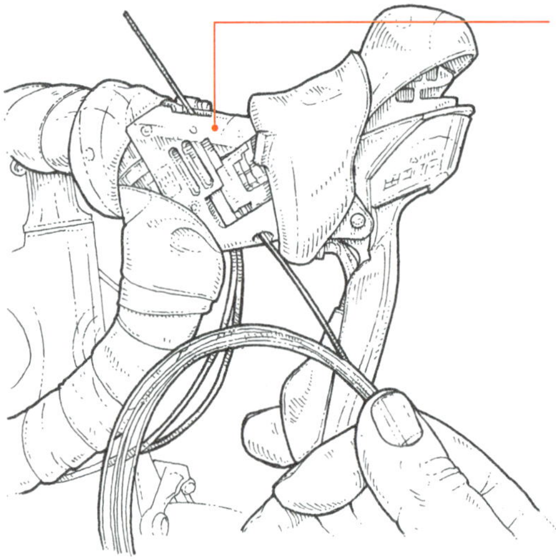

2

Wenn der Zug nicht bereits am Schalthebel montiert ist, müssen Sie ihn durchfädeln. Stellen Sie den Schalthebel so ein, dass er der Stellung entspricht, in der sich der Umwerfer über dem kleinsten Kettenblatt befindet (geringste Zugspannung). Unter dem Gummigriff befindet sich an der Unterseite des Schalthebels ein kleines Loch (mehr Informationen dazu in der entsprechenden Anleitung). Achten Sie darauf, dass das Ende des Zugs nicht ausfranst, und führen Sie ihn durch dieses Loch; er kommt am Lenker aus seiner Hülle zum Vorschein.

3

Nehmen Sie dieses Ende und ziehen Sie den Schaltzug vorsichtig durch die Hülle, bis der zylindrische Kopf unten im Schalthebel verschwindet. Prüfen Sie, ob er richtig eingerastet ist, indem Sie den Zug festhalten, während Sie den Schalthebel betätigen. Sie sollten ein Ziehen am Bowdenzug spüren, wenn der Hebel den Ratschenmechanismus des Schalthebels in Gang setzt. Wenn es funktioniert, stellen Sie den Schalthebel wieder auf die niedrigste Zugspannung, bevor Sie fortfahren.

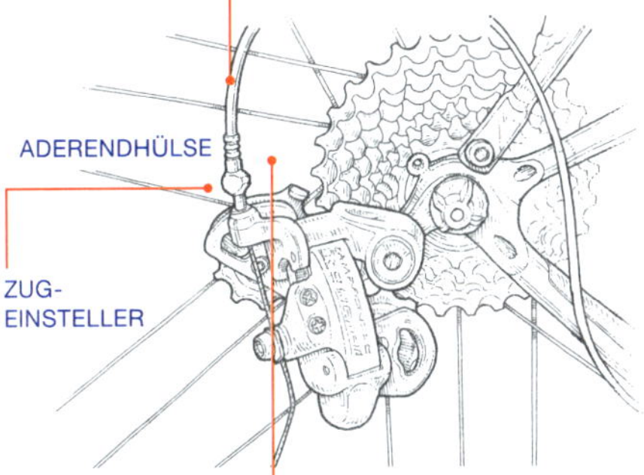

4 Ein Stück der Kabelhülle verbindet das Schaltwerk mit der Kabelführung an der Kettenstrebe. Um sie auf die richtige Länge zu schneiden, nehmen Sie die Hülle des Schaltzugs und stecken ein Ende in den Zugeinsteller am Schaltwerk. Biegen Sie es dann nach oben und nach vorne zur Kabelführung an der Kettenstrebe, aber achten Sie darauf, dass sich die Hülle nicht zu sehr verbiegt, da sich sonst der Schaltzug und das Schaltwerk nicht frei bewegen können. Kneifen Sie die Hülle an dieser Stelle ab (das Stück ist je nach Position der Kabelführung und des Schaltwerks ca. 30 cm lang) und öffnen Sie mit einem spitzen Gegenstand die Schnittkante an beiden Enden. Stecken Sie eine Aderendhülse über jedes Ende und führen Sie dann die Hülle des Schaltzugs in die Kabelführung an der Kettenstrebe und in den Zugeinsteller am Schaltwerk ein.

5

Möglicherweise gehört eine kleine Gummihülle zu Ihrem Set, um zu verhindern, dass ein schmutziger Schaltzug Dreck in die Kabelhülle befördert: Stecken Sie diese Gummihülle auf den Schaltzug und führen Sie ihn dann in die Kabelhülle ein, bis er am Schaltwerk austritt. Schieben Sie ihn durch die entsprechende Befestigungsschraube und lassen Sie ihn vorerst dort drin – wir kommen darauf zurück, wenn es soweit ist, das Schaltwerk einzustellen.

6

Das andere Ende der Kabelhülle führt den Schaltzug von den Hebeln zum Kabelvorsprung am Unterrohr des Rahmens. Wenn Sie sowohl das Schaltwerk als auch den Umwerfer montieren, müssen Sie die Kabelvorsprünge auf beiden Seiten verwenden; wenn Sie nur das Schaltwerk anbringen, benötigen Sie nur den Vorsprung auf der rechten Seite des Rohrs.

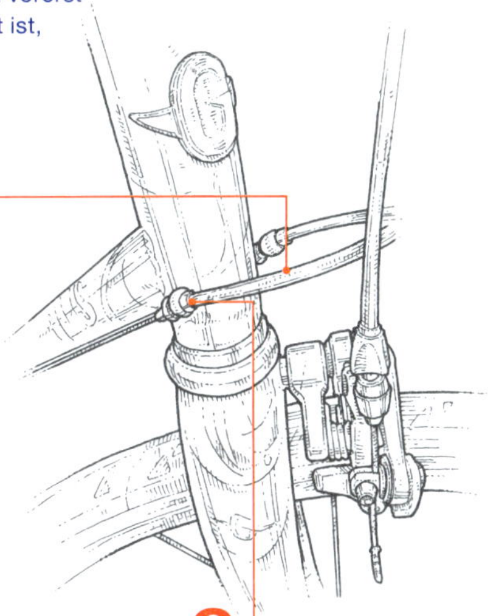

7

Halten Sie ein Ende des Zugs am Schalthebel fest und führen Sie ihn mit der anderen Hand am Lenker entlang bis zum Kabelvorsprung nach unten. Lassen Sie genügend Spiel, damit sich der Lenker frei bewegen kann, wenn der Schaltzug montiert und mit einem Band befestigt ist. Kneifen Sie die Hülle an der Stelle ab, an der sie auf den Kabelvorsprung trifft – das Stück ist etwa 50–60 cm lang. Öffnen Sie die Schnittkanten an beiden Enden wieder mit einem spitzen Gegenstand.

8

Stecken Sie eine Aderendhülse über jedes Ende der Kabelhülle und schieben Sie den Schaltzug durch. Drücken Sie die Kabelhülle nach unten, bis sie in den Schalthebeln einrastet. Führen Sie nun den Schaltzug vorsichtig durch den rechten Kabelvorsprung und ziehen Sie ihn straff. Vergewissern Sie sich, dass der Zug die Bewegung des Lenkers nicht behindert; danach führen Sie den Zug nach unten und durch die Schaltzugführung unter dem Tretlager und entlang der Kettenstrebe.

Schaltzüge – komplett ummantelt

Bei einigen Fahrrädern ist der Bowdenzug vom Schalthebel bis zum Schaltwerk durchgehend umhüllt. In diesem Fall gibt es keine Kabelvorsprünge, sondern Klammern, die den Schaltzug am Rahmen halten. Messen Sie die Länge der benötigten Kabelhülle, indem Sie ein langes Stück vom Schalthebel bis zum Schaltwerk laufen lassen. Kneifen Sie die Hülle an der Stelle ab, an der sie in das Schaltwerk eingeführt wird – das gemessene Stück wird ca. 190 cm lang sein. Öffnen Sie mit einem spitzen Gegenstand die Schnittkanten an beiden Enden der Hülle, führen Sie sie durch die Clips oder Führungen am Rahmen, bringen Sie an jedem Ende Aderendhülsen an und schieben Sie den Schaltzug hindurch. Stellen Sie sicher, dass die Hülle in den Schalthebeln sitzt, stecken Sie sie in das Schaltwerk, schieben Sie den Zug hindurch, ziehen Sie ihn stramm und führen Sie ihn durch die entsprechende Befestigungsschraube.

Bremszüge

Im Gegensatz zu Schaltzügen sind Bremszüge in den Bremsgriffen nicht vormontiert, aber sie sind leicht zu verlegen. Schneiden Sie zunächst die Kabelhülle auf die richtige Länge zu. Achten Sie darauf, dass Sie die (dickere) Kabelhülle für Bremszüge nehmen, und nicht die für Schaltzüge.

Vordere Felgenbremse

Sie benötigen ein ca. 45 cm langes Stück, um den linken Schalthebel direkt mit dem oben an der Gabel montierten Bremssattel zu verbinden.

Vordere Scheibenbremse

Sie brauchen ein etwa 80 cm langes Stück, um den linken Schalthebel direkt mit dem unten an der Gabel montierten Bremssattel zu verbinden.

Hintere Felgenbremse

Der Bremszug wird wahrscheinlich – freiliegend – entlang des Oberrohrs verlegt, mit Vorsprüngen an beiden Enden. In diesem Fall benötigen Sie ein Stück Kabelhülle (ca. 45 cm), um die Schalthebel mit dem Kabelstopper an der Vorderseite des Oberrohrs zu verbinden, und ein zweites Stück (ca. 22 cm), um den hinteren Kabelstopper mit den Bremssätteln zu verbinden. Wenn es keine Kabelvorsprünge gibt, muss der Bremszug über seine gesamte Länge umhüllt werden.

Hintere Scheibenbremse

Die Kabelhülle wird wahrscheinlich von den Hebeln bis zu den Bremssätteln der Hinterradbremse verlaufen, insgesamt ca. 150 cm. Ihr Rahmen ist vielleicht mit Clips oder anderen Halterungen ausgestattet, in die der Bremszug passt.

Legen Sie sich die benötigten Aderendhülsen zurecht (zwei für die Vorder- und entweder zwei oder vier für die Hinterradbremse). Vergewissern Sie sich, dass der Bremszug selbst kompatibel mit Ihren Bremshebeln ist (Campagnolo hat am Ende seiner Züge einen etwas kleineren Kopf). Bereiten Sie vier Streifen Isolierband vor, je 10 cm lang. Schieben Sie das untere Ende der Gummiabdeckung jedes Schalthebels hoch.

Welche Hand, welche Bremse?
In Deutschland und in den USA wird die Vorderradbremse standardmäßig von der linken und die Hinterradbremse von der rechten Hand betätigt. In Großbritannien und Australien ist es umgekehrt. Der Grund ist nicht bekannt, hängt aber vielleicht mit dem Linksverkehr in den Ländern zusammen.

Anbringen des Bremszugs für die Vorderradbremse (für Felgen- oder Scheibenbremse)

1

Beginnen Sie mit der Vorderradbremse auf der linken Seite. Drücken Sie den Bremshebel und schauen Sie sich den Mechanismus an. Im Inneren sehen Sie ein kleines Gehäuse mit einem Loch: Fädeln Sie ein Ende des Bremszugs dort ein und schieben Sie den Zug vorsichtig hinterher; achten Sie darauf, dass die Enden nicht ausfransen. Der Bremszug kommt unten am Hebel heraus. Nehmen Sie dieses Ende und ziehen Sie den Zug ganz durch, bis der Bremshebel sich öffnet. Kontrollieren Sie, ob der Kopf des Bremszugs fest in seinem Gehäuse sitzt.

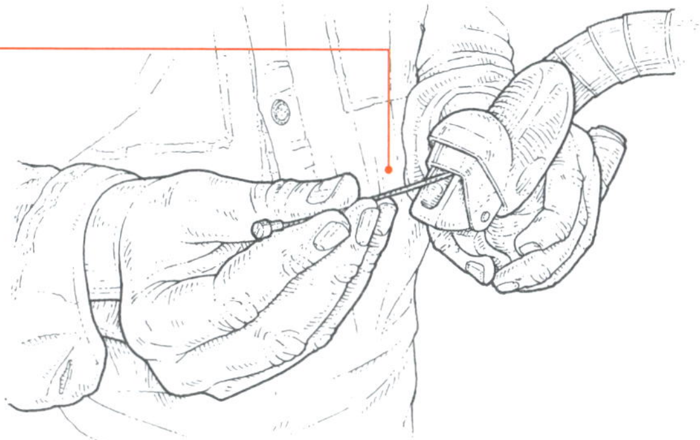

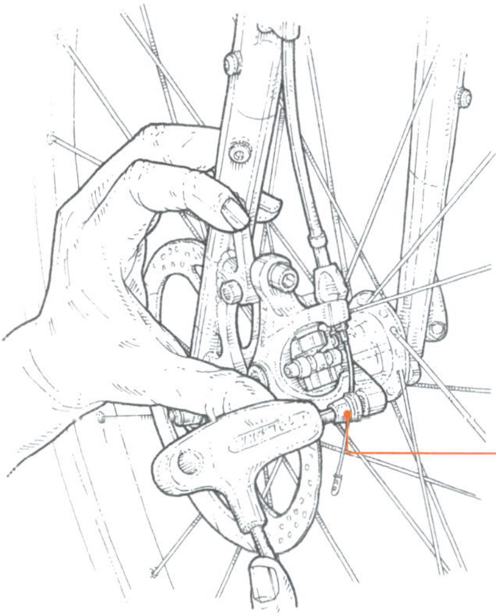

2

Nehmen Sie nun das vordere Stück der Kabelhülle: Stecken Sie eine Aderendhülse auf ein Ende, führen Sie den Bremszug in dieses Ende ein und ziehen Sie ihn durch, bis die Kabelhülle in den Schlitz unten am Hebel einrastet. Befestigen Sie die Kabelhülle mit Klebeband am Lenker. Verlegen Sie die Kabelhülle durch alle an der Gabel angebrachten Kabelführungen.

3

Bringen Sie am anderen Ende der Kabelhülle eine Aderendhülse an und führen Sie den Bremszug ein. Fädeln Sie den Zug durch den Zugeinsteller am Bremssattel und weiter durch die Kabelklemme. Wenn der Zug durchgezogen ist, ziehen Sie ihn straff und die Kabelklemme mit einem Inbusschlüssel fest.

4

Vergewissern Sie sich, dass die Kabelhülle an beiden Enden sicher befestigt ist, der Zug kein Spiel hat und der Bremshebel in geöffneter Stellung steht. Trennen Sie den Bremszug ca. 10 cm hinter der Klemme ab, stecken Sie ein Endstück auf das Kabelende und drücken es mit einer Zange fest.

Montage des Bremszugs für die Hinterradbremse (für Felgen- oder Scheibenbremse)

1

Falls Ihr Bremszug in seiner Hülle bis zur Hinterradbremse verläuft, wiederholen Sie einfach den Vorgang auf Seite 75, aber führen den Zug in der Kabelhülle vom rechten Bremshebel bis zum hinteren Bremssattel und durch die Kabelführungen am Rahmen.

2

Wenn der Zug zur hinteren Felgenbremse zwischen zwei Rahmenvorsprüngen am Oberrohr freiliegt, nehmen Sie das kürzeste Stück der Kabelhülle, stecken Aderendhülsen auf jedes Ende und setzen es in den hinteren Kabelstopper und den Zugeinsteller. Wiederholen Sie dann den obigen Vorgang, wobei der Bremszug in seiner Hülle vom rechten Bremshebel bis zum vorderen Kabelstopper geführt wird.

3

Fädeln Sie den Bremszug von dort bis zum hinteren Kabelstopper ein und führen Sie ihn durch den Zugeinsteller zur Kabelklemme. Überprüfen Sie die Spannung, ziehen Sie ihn in der Klemme fest und trennen Sie ihn durch wie oben beschrieben.

Kabelendstücke auf Brems- und Schaltzüge aufsetzen

1

Das Kabelendstück mit den scharfen Kanten einer Kombizange leicht festhalten.

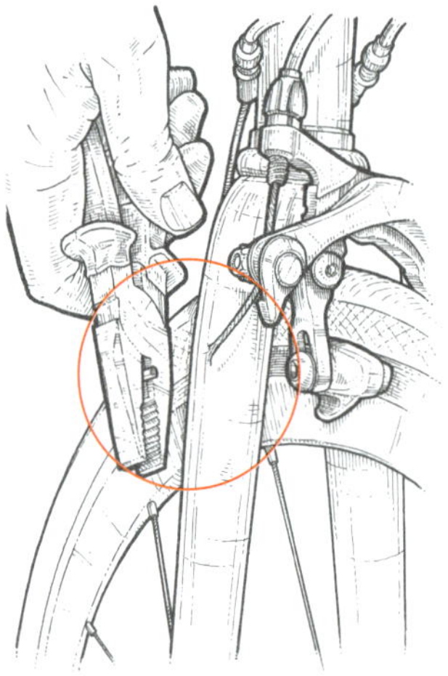

2

Schieben Sie es auf das abgetrennte Ende des Zugs.

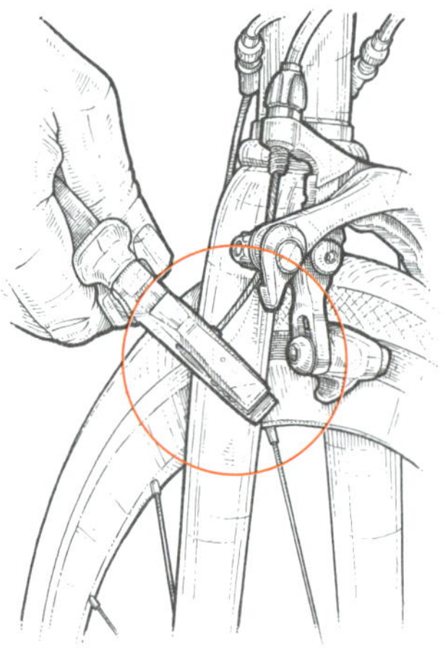

3

Fest zudrücken, sodass das Kabelendstück zusammengequetscht wird.

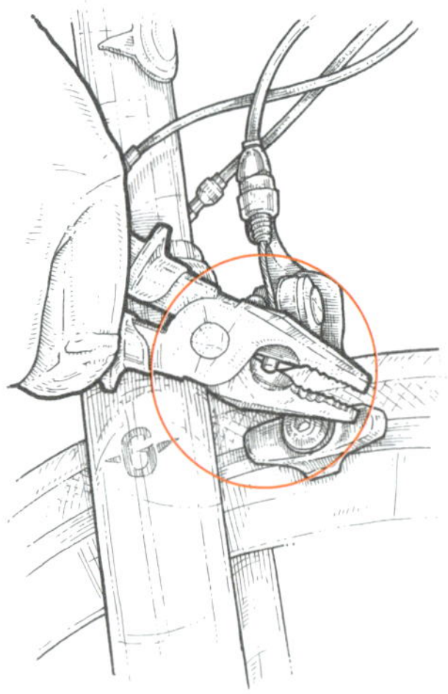

2.15 Aufziehen der Reifen

Lange Zeit gab es High-End-Rennreifen oder eine Kombination aus einem inneren Schlauch und einem äußeren „Drahtreifen“. Beide hatten Nachteile: Rennreifen sind schwierig zu montieren und haben eine begrenzte Lebensdauer, Fahrradschläuche sind schwer und können nicht mit niedrigem Druck gefahren werden. Und beide sind anfällig für Reifenpannen.

Das Aufkommen schlauchloser, sogenannter Tubeless-Reifen Anfang der 2000er Jahre sorgte schließlich für eine alternative Lösung: ein äußerer Reifen, in seiner Machart nicht unähnlich einem herkömmlichen Reifen, kombiniert mit einer luftdichten Radfelge und einer Latexemulsion, die Löcher im Reifen sofort abdichtet. Anfangs von Mountainbikern übernommen, sind sie heute bei Rennrädern und Gravelbikes die Regel.

Montage eines neuen Reifens und eines Schlauchs

1

Eine Seite des Reifens über die Felge ziehen und in die Mitte der Felge platzieren. Kontrollieren Sie mit den Fingern die Innenseite des Reifens und die Felge, um sicherzustellen, dass kein Fremdkörper eingedrungen ist.

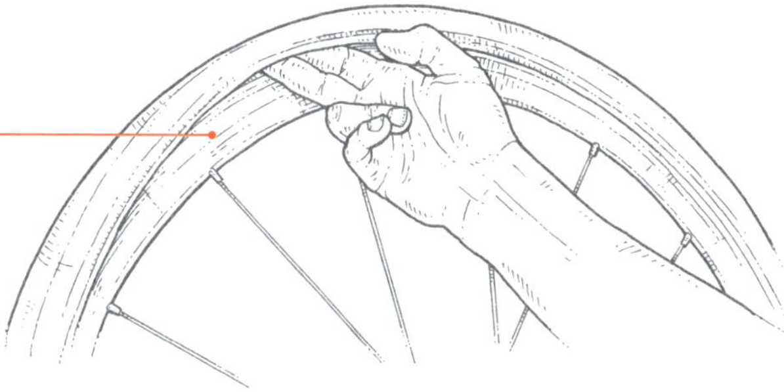

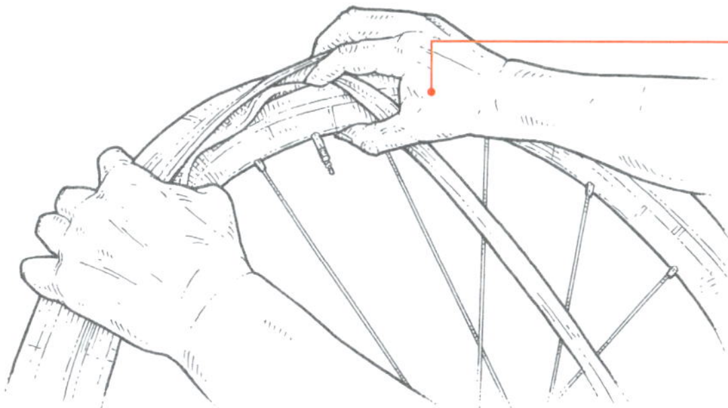

2

Das Ventil durch das Loch in der Felge stecken, aber darauf achten, dass der Schlauch an dieser Stelle vom Reifen umschlossen ist. Anschließend den Schlauch rundum in den Reifen hineinstecken. Schrauben Sie die Mutter auf das Ventil, aber nicht festziehen. Den Schlauch etwas aufpumpen, damit er seine Form behält, aber nicht starr wird.

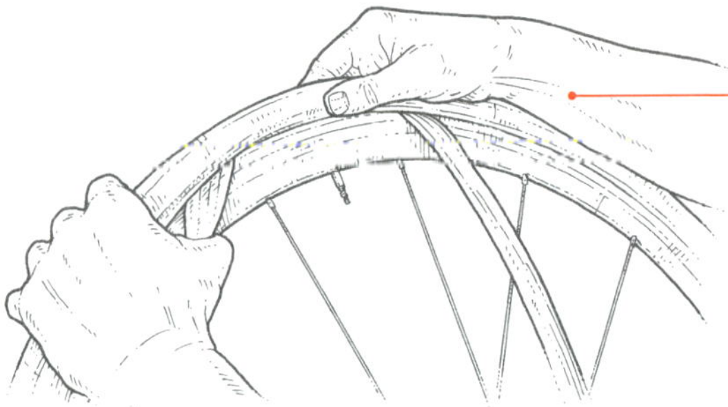

3

Beginnen Sie am Ventil, den Reifen mit Ihren Daumen in die Felge einzubetten. Benutzen Sie beide Hände gleichzeitig, mit dem Rad immer direkt vor Ihnen, und geben Sie Acht, dass Sie den Schlauch nicht zwischen Reifen und Felge einklemmen.

4

Wenn Sie die erste Hälfte geschafft haben, drehen Sie das Rad und machen weiter, und zwar so, dass Ihre Hände sich aufeinander zubewegen, bis fast der gesamte Reifenwulst in die Felge eingelassen ist.

5

Die letzten 15 cm können knifflig sein. Schieben Sie ggf. einen Reifenheber an die Stelle unter dem Wulst, wo er in die Radfelge eingreift, dann drücken Sie ihn nach oben, sodass der Wulst sich in Felge und Reifen einfügt. Sie können die Felge mit etwas Wasser benetzen, dann ist sie quasi „geschmiert".

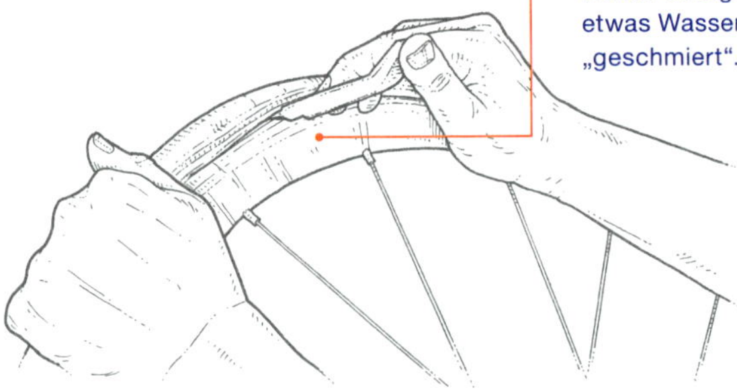

6

Pumpen Sie den Reifen auf und achten Sie darauf, dass der Schlauch an keiner Stelle eingeklemmt ist.

Aufziehen eines Tubeless-Reifens

Vergewissern Sie sich, dass Felge und Reifen schlauchlos verwendbar sind. Sollten die Enden der Speichen durch die Felge hindurchgehen, müssen Sie ringsherum luftdichtes Klebeband auftragen, um die Lücken abzudichten (bei vielen neuen Laufrädern ist das Band bereits aufgeklebt).

Das Band muss 1–2 mm breiter sein als das Felgenbett – s. Tabelle rechts. (Die Felgeninnenweite ist die zweite Zahl, die bei der Radspezifikation angegeben ist – zum Beispiel 700 x 25.) Eine einfache Möglichkeit sich zu vergewissern besteht darin, die Rolle Klebeband zwischen die beiden Felgenränder zu halten. Wenn die Rolle dazwischen passt, ist sie nicht breit genug; sitzt sie auf den Rändern, ist alles okay.

Breite des Bands	Felgeninnenweite
22 mm	bis 17 mm
24 mm	18–21 mm
27 mm	22–25 mm
32 mm	26–30 mm
36 mm	31 mm +

Es ist einfacher, das Band gerade aufzukleben, wenn sich das Rad nicht bewegt. Also setzen Sie das Rad in einer bequemen Arbeitshöhe in den Rahmen. Achten Sie darauf, dass Ihre Hände sauber sind. Vor dem Anbringen des Klebebands muss die Felge gründlich gereinigt und getrocknet werden, z.B. mit Isopropanol (Franzbranntwein) und einem sauberen Lappen.

1

Suchen Sie den Punkt auf der Felge direkt gegenüber dem Loch für das Ventil. Legen Sie das Klebeband ca. 10 cm hinter der Schweißnaht des Rads auf, sodass es darüberläuft, wenn Sie das Band auftragen: Halten Sie das Ende des Klebebands fest, während Sie es festziehen, und kleben Sie ca. 20–30 cm Band nach unten. Drehen Sie das Rad von sich weg, ziehen Sie das Band stramm und tragen Sie weitere 20–30 cm auf. Wiederholen Sie das Ganze, bis das Felgenbett komplett eingeklebt ist. Sobald Ihr Ausgangspunkt 10 cm überlappt, schneiden Sie das Band sauber durch und drücken das Ende fest an.

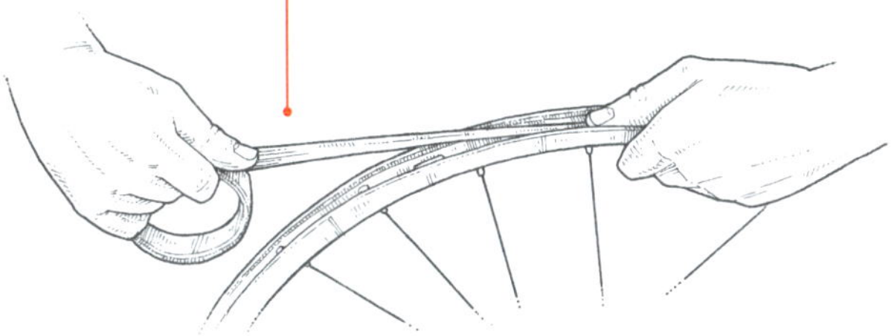

2

Nehmen Sie den Lappen und wischen Sie um das Band herum, reinigen Sie es und drücken es zugleich fest auf die Felge, damit keine Blasen darunter eingeschlossen werden. Machen Sie das Ganze dreimal: einmal in der Mitte und jeweils an den Rändern.

3

Suchen Sie das Ventilloch. Stechen Sie mit einem spitzen Gegenstand das Felgenband ein. Schieben Sie das Ventil des Tubeless-Reifens ohne Kappe und Mutter durch das Loch, bis es auf der anderen Seite herauskommt. Setzen Sie die Mutter auf das Gewinde und ziehen sie handfest an, um das Ventil zu fixieren. Nehmen Sie nun das Laufrad aus dem Fahrrad.

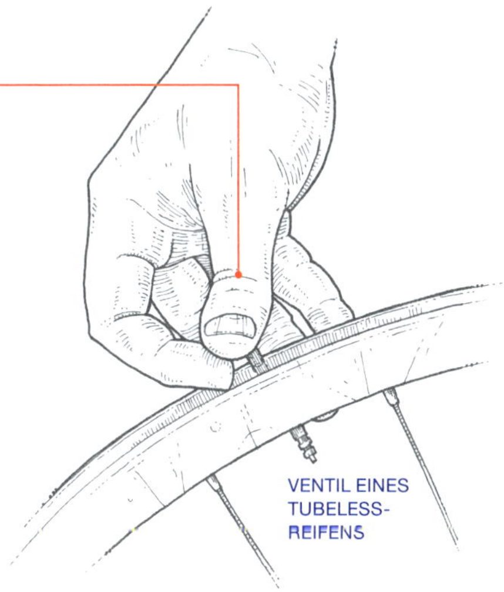

4

Lesen Sie auf der Flasche Ihres Dichtungsmittels nach, welche Menge Sie für Ihre Reifengröße benötigen, und gießen Sie diese in einen Küchenmessbecher. Geben Sie ein paar Tropfen auf das Felgenband an der Stelle, an der Sie das Ventil durchgesteckt haben, um das Loch abzudichten.

Welches Dichtungsmittel?

Es stehen verschieden teure und effektive Latexlösungen zur Auswahl. Bei Vergleichstests der Webseite road.cc erzielten *Stan's No Tubes Race Sealant* und *Effetto Mariposa Caffélatex* die besten Ergebnisse.

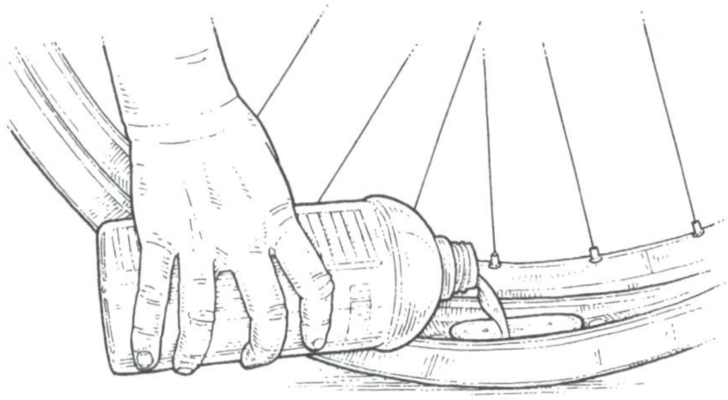

5

Ziehen Sie nun den Reifen auf die Felge, wobei Sie eine Seite vollständig aufziehen, auf der anderen Seite jedoch eine ca. 15 cm lange Öffnung lassen. Halten Sie das Rad senkrecht, mit der Öffnung nach unten. Gießen Sie das Dichtungsmittel vorsichtig in diese Öffnung und drehen Sie dann das Rad um 180°, sodass sich die Öffnung oben befindet und das Dichtungsmittel nicht auslaufen kann. Setzen Sie das letzte Stück des Reifens in die Felge, drehen Sie danach das ganze Rad einmal, um das Latex zu verteilen.

6

Für die erste Latexversiegelung müssen Sie den Reifen sehr schnell aufpumpen; am besten mit einer CO_2-Patrone. Setzen Sie eine in ihren Inflatorkopf ein, ohne sie anzuziehen, schrauben Sie den Kopf auf das offene Reifenventil und drehen Sie dann die CO_2-Patrone vorsichtig fest, sodass die Versiegelung sich explosionsmäßig verteilt. Der Reifen füllt sich sofort (das macht laute Geräusche – aber keine Sorge) und wird versiegelt. Schütteln Sie den Reifen gut durch (dabei waagerecht halten), um das Latex gleichmäßig im Innern zu verteilen. Drehen Sie den Reifen um und schütteln ihn erneut. Wiederholen Sie den Vorgang mit dem anderen Reifen.

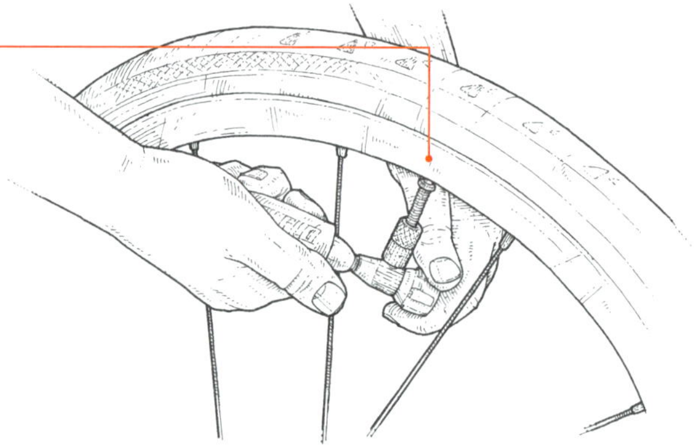

7

Bedenken Sie, dass CO_2 viel schneller aus dem Reifen austritt als Sauerstoff oder Stickstoff. Daher müssen Sie den Reifen in den nächsten Tagen regelmäßig von Hand aufpumpen, bis das gesamte CO_2 ausgetreten und ersetzt worden ist.

Arbeiten mit Latex

Latex ist klasse, aber wenn Sie allergisch dagegen sind, montieren Sie Tubeless-Reifen mit äußerster Vorsicht oder bitten Sie einen Freund, die Arbeit zu erledigen. Sie müssen mit einer Menge flüssiger Latexlösung hantieren und werden beim ersten Mal wahrscheinlich etwas verschütten oder verspritzen.

2.16 Der Reifendruck

Nichts wirkt sich unmittelbarer auf die Fahreigenschaften aus als der Reifendruck. Und egal, ob Sie mit mehr oder weniger Luft fahren wollen: Sie sollten auf jeden Fall eine Standpumpe mit Manometer haben, der den Druck genau anzeigt.

Der richtige Druck ist immer an der Seite der Reifen angegeben: Richten Sie sich nach der untenstehenden Tabelle, um Ihre Reifen optimal aufzupumpen. Beachten Sie dabei die folgenden Faktoren:

- Wer etwas schwerer ist, sollte auch mit höherem Druck fahren. Dies lässt sich einfach berechnen, indem man bei einem Körpergewicht von 70 kg pro zusätzlichen 5 kg einen Druck von 0,07 bar hinzugibt bzw. pro 5 kg, die Sie unter 70 kg wiegen, 0,07 bar abzieht. Wenn Sie mit Rennradreifen fahren, können Sie mehr addieren oder subtrahieren – bis zu 0,14 bar pro 5 kg.

- Wenn Sie im Gelände fahren, haben Sie mit etwas weniger Druck einen besseren Grip.

- Wenn Sie auf der Straße mit höherem Tempo fahren, sollten Sie den Druck erhöhen.
Tubeless-Reifen können mit niedrigerem Druck gefahren werden als der entsprechende Schlauchreifen.

- Ihr Hinterreifen wird durch Ihr Gewicht stärker belastet, daher ist ein etwas höherer Druck besser fürs Hinterrad.

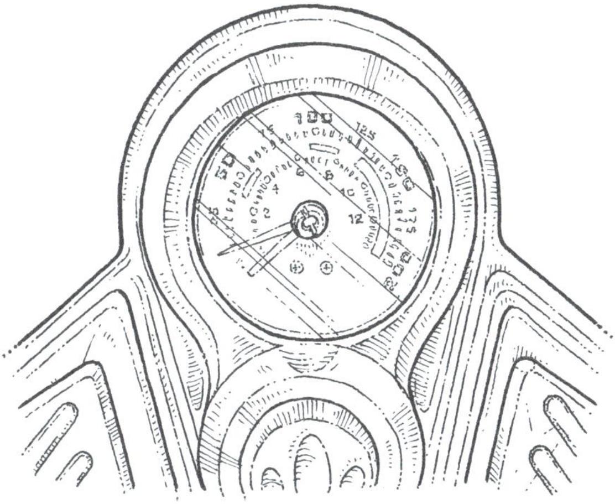

	REIFEN-BREITE	DRUCK VORDERREIFEN	DRUCK HINTERREIFEN
Mountainbike (Tubeless)	45 mm+	1,8 bar	1,9 bar
Mountainbike (mit Schlauch)	45 mm+	2,5 bar	2,6 bar
Cyclocross-/Gravelbike (Tubeless)	37–43 mm	2,5 bar	2,6 bar
Cyclocross-/Gravelbike (mit Schlauch)	37–43 mm	3,3 bar	3,4 bar
Hybridrad (Tubeless)	32–35 mm	2,6 bar	2,75 bar
Hybridrad (mit Schlauch)	32–35 mm	3,4 bar	3,8 bar
Rennrad (Tubeless)	23–28 mm	5,5 bar	5,7 bar
Rennrad (mit Schlauch)	23–28 mm	6,2 bar	6,4 bar

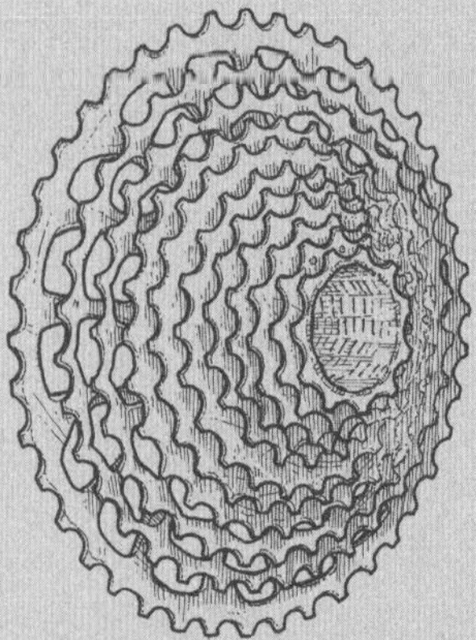

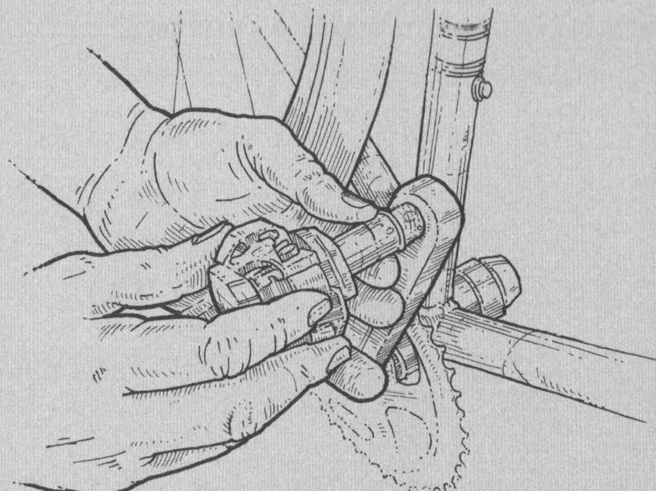

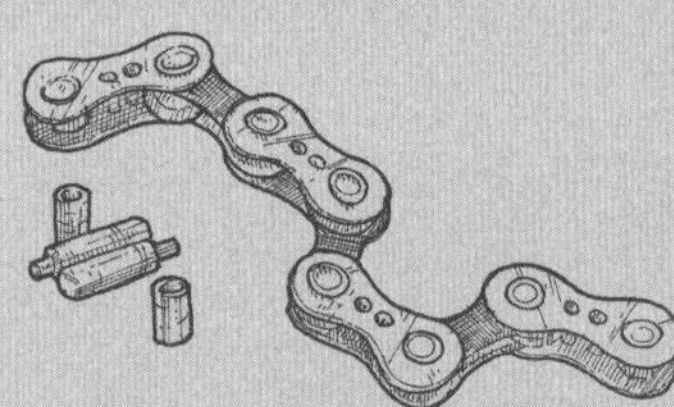

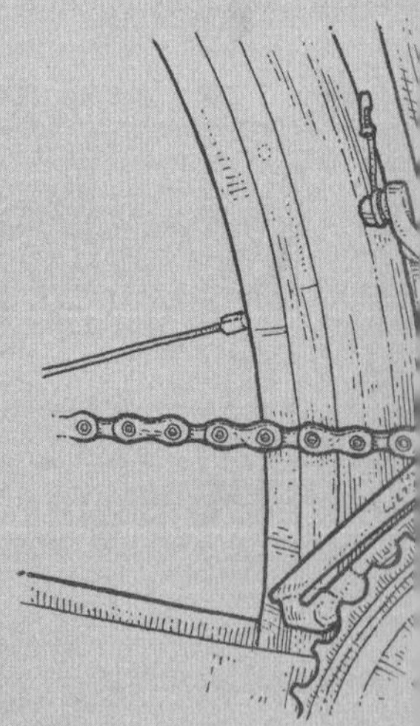

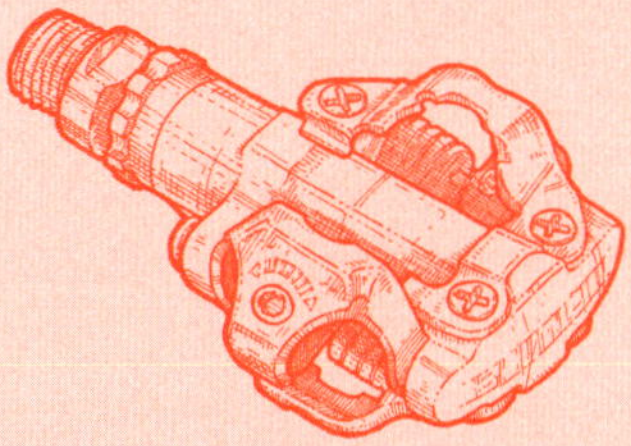

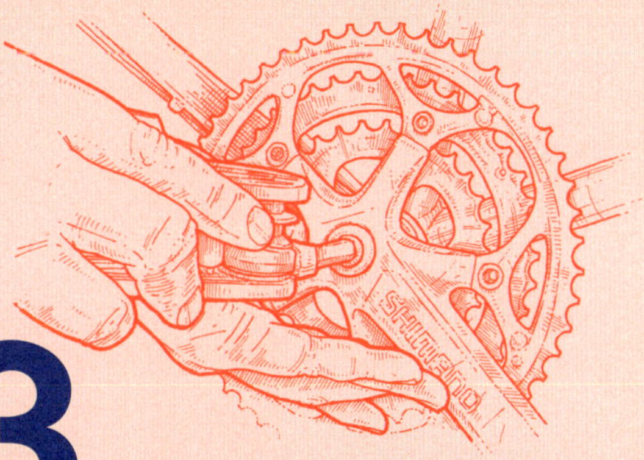

3

Der Bau des Fahrrads

ZWEITER TAG

Nachdem gestern die grundsätzlichen Arbeiten erledigt wurden, werden heute die mechanischen Teile des Antriebsstrangs – der die Bewegungen der Beine in Drehungen des Hinterrads umsetzt – montiert. Der nächste Schritt ist das Einstellen der Bremsen, danach sind Sie bereit für die erste Fahrt. Hier erfahren Sie, wie alles funktioniert, und Sie können Fehler beheben und Feineinstellungen für Ihre Fahrposition vornehmen. Wenn das erledigt ist, fehlt nur noch das Lenkerband.

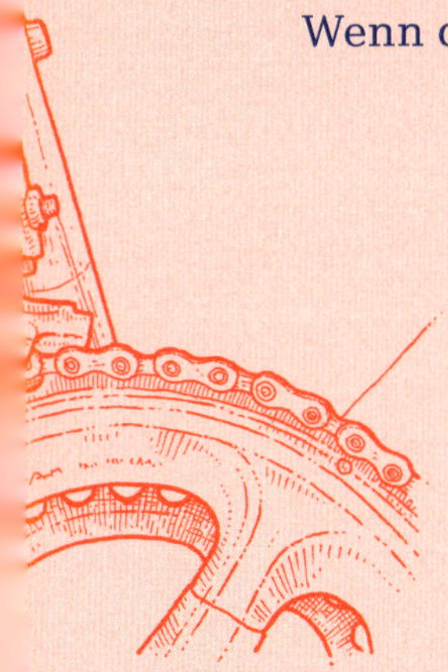

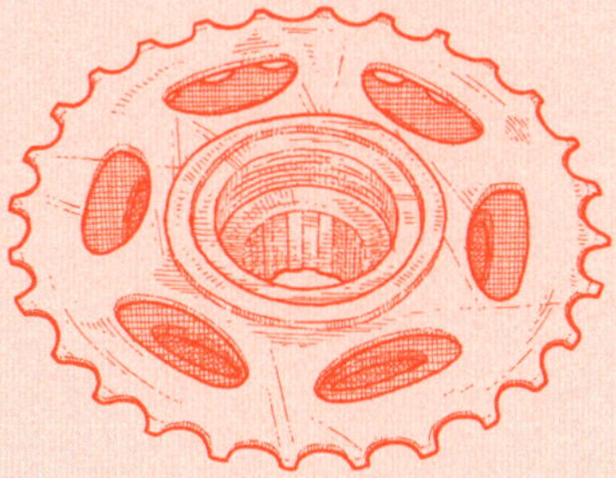

3.1 Einbau der Pedale

Da Sie die Tretkurbeln bereits angebracht haben, können Sie jetzt die Pedale montieren. Selbstverständlich gehört das rechtsseitige Pedal an die rechte Kurbel und das linksseitige Pedal an die linke. Manche Profimonteure berichten jedoch, dass viele sich dessen nicht bewusst sind und vergeblich versuchen, die Pedale anzubringen und dabei manchmal sogar die Gewinde der Kurbelarme entgraten. Machen Sie bitte nicht diesen Fehler! Auf allen Pedalen, ob nun Klickpedal oder nicht, befindet sich irgendwo ein R oder ein L zur Orientierung.

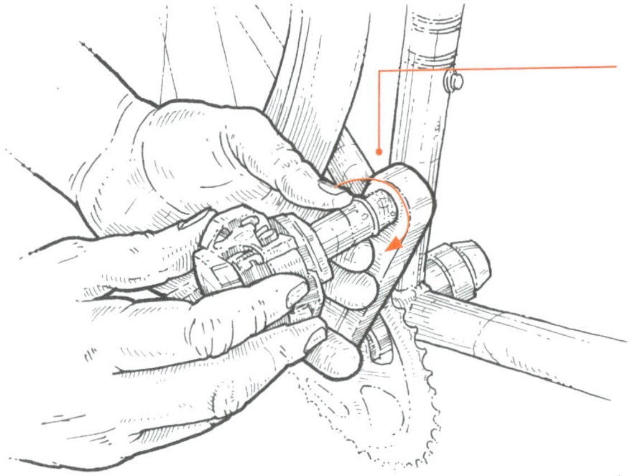

1

Das Pedal auf der Antriebsseite wird normal eingeschraubt, das auf der linken Seite hat ein Linksgewinde.

2

Mit dem Pedal dem richtigen Kurbelarm zugewandt, schmieren Sie das Gewinde ein. Kontrollieren Sie, ob das Loch in der Kurbel sauber ist, und schrauben Sie das Pedal von Hand ein, bevor Sie es mit einem Schrauben- oder einem Pedalschlüssel (15 mm) oder einem Inbusschlüssel (falls sich an der Pedalachse eine Aufnahme dafür befindet) festziehen. Wenn die Gewinde nicht fassen, bitte keine Gewalt anwenden, sondern das Pedal entfernen, neu ausrichten und erneut versuchen.

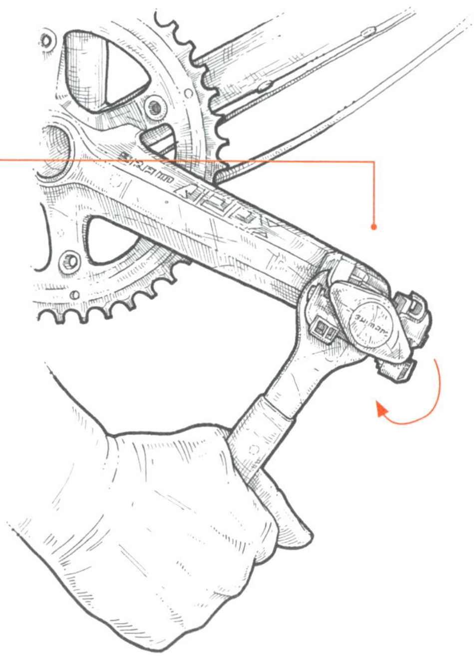

Einstellen der Klickpedale

1

Sowohl die Positionierung der Schuhplatten („Cleats“) als auch die Federspannung des Pedalmechanismus, der Bindung, müssen richtig eingestellt sein, damit die Pedale effizient und zuverlässig funktionieren. Die Schuhplatten sind so anzubringen, dass sie sich unter dem Fußballen befinden, und werden mit einem Inbusschlüssel festgezogen.

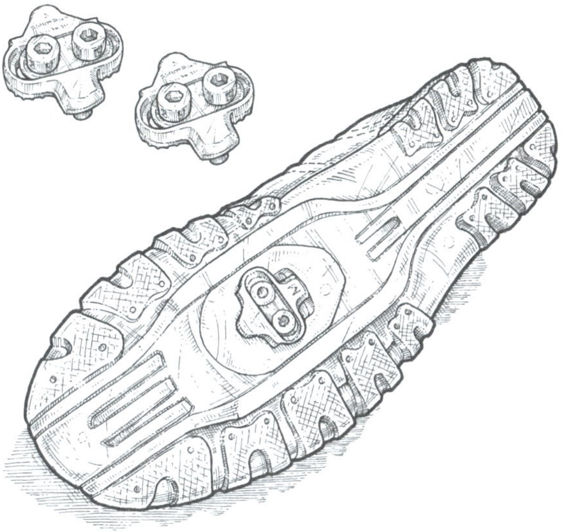

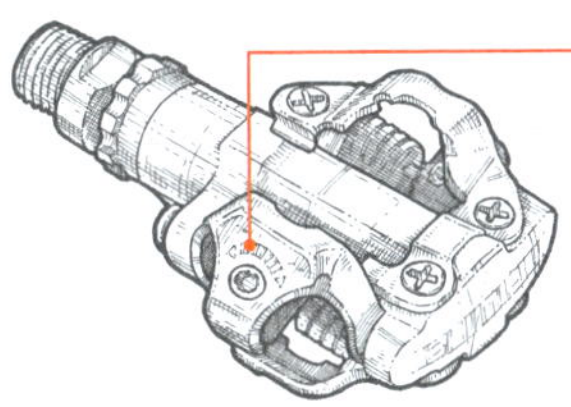

2

Neue Pedale werden in der Regel mit vollständig angezogener Federspannung geliefert. Falls Klickpedale etwas Neues für Sie sind, werden Sie vielleicht Schwierigkeiten beim Ein- und Ausklicken der Schuhplatten haben, und Sie fallen vielleicht mit dem Rad um, wenn Sie zum Stehen kommen. Lösen Sie beide Seiten jedes Pedals mit den Inbusschrauben auf der Vorder- und Rückseite und üben das Ein- und Ausklicken Ihrer Füße, bevor Sie zum ersten Mal auf der Straße fahren.

TIP: Es gibt viele Varianten von Klickpedalen und Schuhplatten, und – natürlich – sind nur wenige miteinander kompatibel. Die Abbildungen hier zeigen das SPD-System von Shimano. Es ist erschwinglich und strapazierfähig. Außerdem hat es auch Modelle, bei denen das Pedal beidseitig benutzt werden kann, und es funktioniert mit Schuhen, die sich auch bequem tragen lassen, wenn man nicht auf dem Rad sitzt.

3.2 Freilauf und Kassette

Bei der Kraftübertragung von der Kette auf das Hinterrad wird die Verbindung von Ritzel und Nabe stark beansprucht, daher muss sie nicht nur leichtgängig, sondern auch robust sein. Im Wesentlichen gibt es zwei verschiedene Arten: die heutigen Freilaufkörper (der sogenannte Freilauf) mit Kassette und die herkömmliche Baugruppe, bestehend aus Schraubkranznabe mit Leerlauf (s. S. 90).

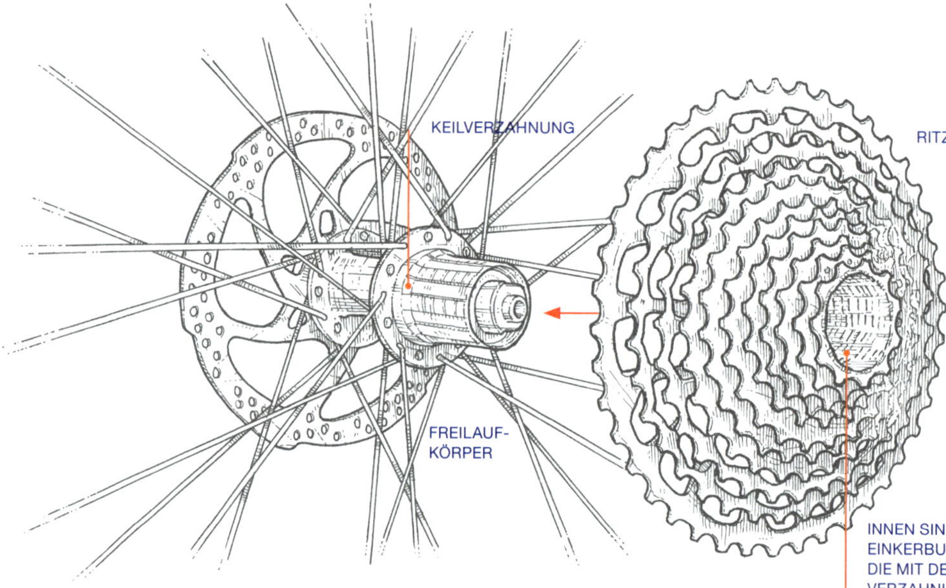

Freilaufkörper und Kassette

Heutige Komplettgruppen, einschließlich aller 10- und 11-Gang-Systeme der führenden Marken, verwenden dieses System, bei dem die Ritzel der hinteren Kassette über einen verzahnten (gekerbten) zylindrischen Freilaufkörper laufen, der auf der Radnabe montiert ist. Die Keilverzahnung verbindet sich mit entsprechenden Einkerbungen in der Mitte der einzelnen Ritzel und ordnet diese so an, dass man schnell und reibungslos zwischen den Gängen hin- und herschalten kann. Der Freilaufkörper kann sich gegen den Uhrzeigersinn drehen (sodass Sie im Leerlauf fahren); dreht er sich hingegen im Uhrzeigersinn, greifen Sperrklinken (Zähne) unten an der Nabe in eine kreisförmige Ratsche in der Radnabe und zwingen das gesamte Rad, sich mit dem Freilauf zu drehen.

Laufräder und Freilaufkörper

Überprüfen Sie beim Kauf eines neuen Laufrads, dass der Freilauf fest sitzt und das Laufrad reibungslos läuft. Das tickende Geräusch, das Sie beim Freilauf hören, ist ein gutes Zeichen: Es ist das Geräusch der Sperrklinken in der Nabe, die gegen die Zahnräder der Ratsche klopfen.

Einbau der Kassette

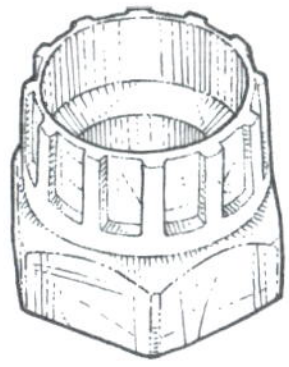

Sie benötigen einen Zahnkranzabzieher – beachten Sie jedoch, dass sich die Verschlussringe von Shimano und SRAM von Campagnolo unterscheiden.

Ihre Kassette besteht aus einem Satz Ritzel (eins pro Gang), von denen die meisten Einzelteile sind (obwohl die untersten Ritzel manchmal eine Einheit bilden), ferner aus Abstandhaltern, die für den Abstand zwischen den Ritzeln sorgen und ein Verschmutzen der Kette verhindern, sowie aus einem Verschlussring, der die Baugruppe zusammenhält. Diese Teile müssen in der richtigen Reihenfolge montiert werden. Um dies zu erleichtern, sind die meisten neuen Kassetten bereits auf einem Kunststoffaufsatz montiert, der als Montagehilfe dient: Nehmen Sie die Ritzel nicht von diesem ab!

1

Befindet sich ein Aufsatz in Ihrer Kassette, halten Sie das Rad mit der Nabenseite nach oben auf Ihrem Schoß und fetten die Seiten des Freilaufs etwas ein. Halten Sie die Kassette mit beiden Händen am Aufsatz und drehen sie, bis die Keilverzahnung von Aufsatz und Freilauf übereinstimmt. Danach schieben Sie die Ritzel und Abstandhalter auf die Nabe.

2

Falls kein Aufsatz vorhanden ist, montieren Sie die Ritzel und Abstandhalter nacheinander in der richtigen Reihenfolge. Das Muster in der Mitte jedes Ritzels muss gemäß der Keilverzahnung auf dem Freilaufkörper ausgerichtet sein.

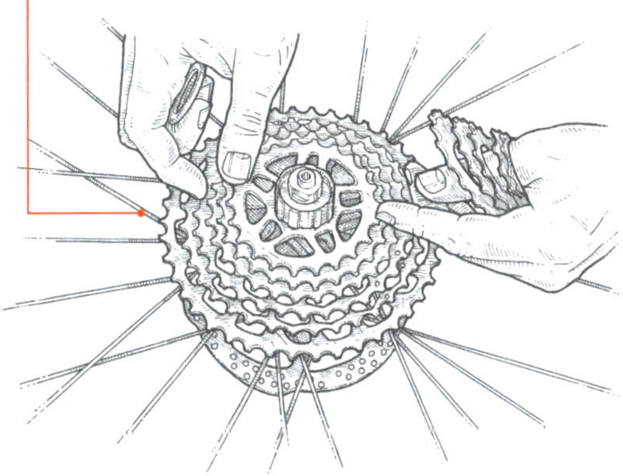

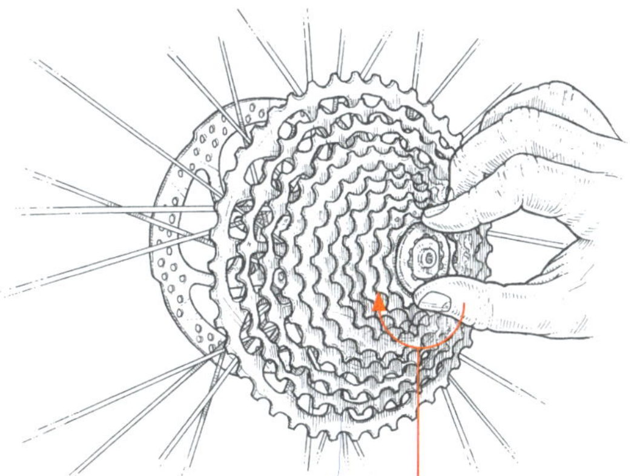

3

Wenn alle Ritzel und Abstandhalter angebracht sind, schrauben Sie den Verschlussring im Uhrzeigersinn mit den Fingern so fest wie möglich auf.

4

Setzen Sie den Zahnkranzabzieher auf und ziehen Sie ihn mit einem Schraubenschlüssel fest an. Die Kassette darf sich nicht bewegen oder wackeln, ansonsten wird der Freilaufkörper beim Fahren schnell ruiniert. Vergewissern Sie sich, dass er fest angezogen ist.

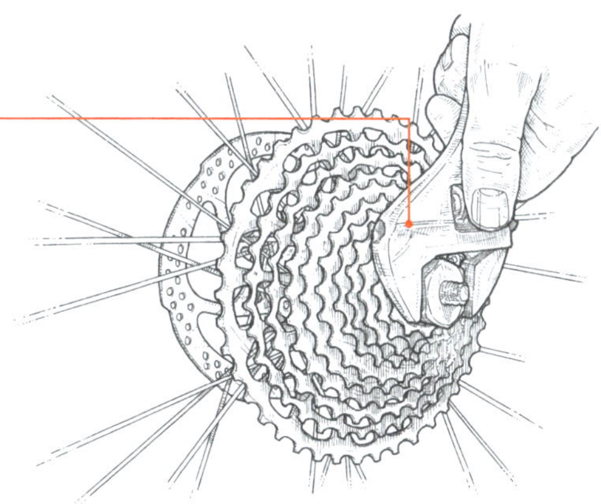

3.3 Freilauf für Schraubkranznaben

Wenn Sie ein altes Fahrrad restaurieren oder gebrauchte Teile verwenden, stoßen Sie möglicherweise auf einen altmodischen Freilauf. Dieser ist zwar leicht zu montieren, aber schwieriger zu entfernen und zu warten als moderne Freilaufsysteme. Ein Schraubkranzfreilauf bietet auch weniger Gänge – normalerweise zwischen 5 und 8 –, wohingegen heutige Freilaufkörper 10 oder mehr Gänge aufnehmen können.

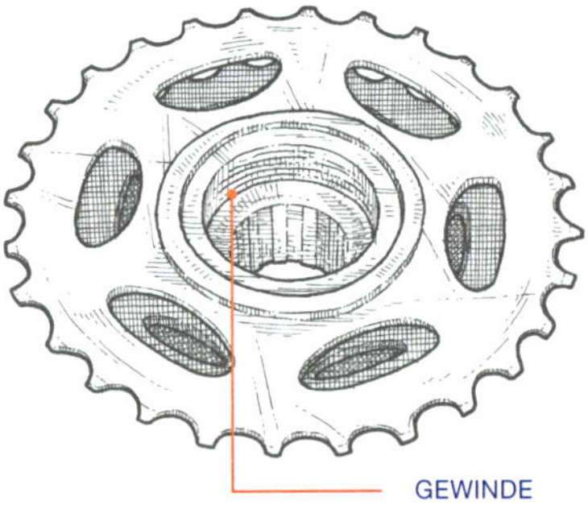

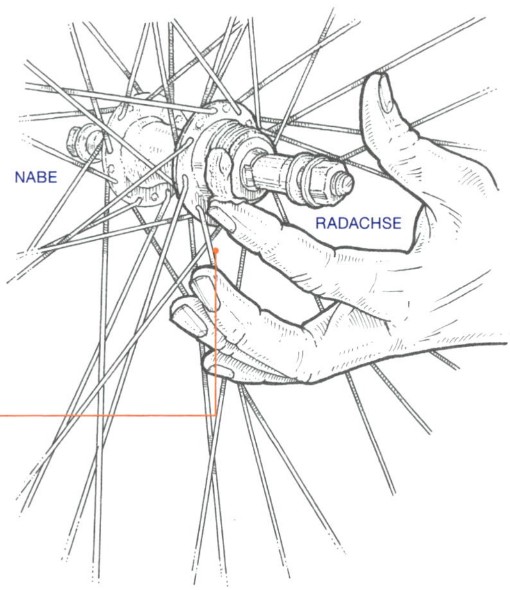

Montage eines Freilaufs mit Schraubkranz

1

Auf der Innenseite des Freilaufs ist ein Befestigungsgewinde: Fetten Sie dieses und das entsprechende Gewinde an der Nabe gründlich ein.

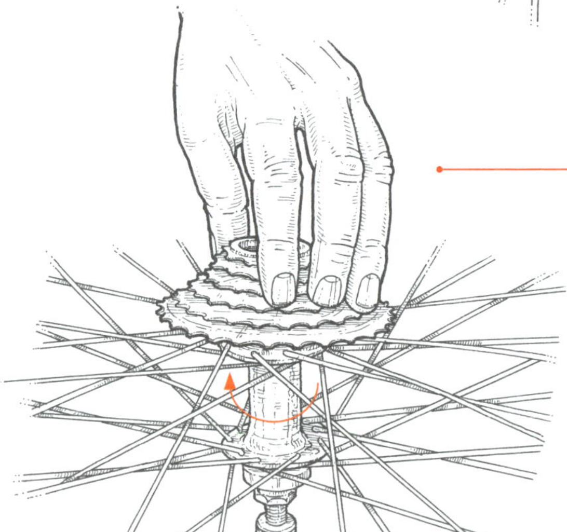

2

Legen Sie das Rad flach hin und halten Sie den Freilauf-Schraubkranz über das Gewinde auf der Nabe. Richten Sie die rechte Seite der Nabe so aus, dass die Achse im Freilauf mittig ist. Wenn sie nicht mittig ist, ist Ihr Freilauf verkantet, das bedeutet: ausbauen, neu ausrichten und wieder versuchen. Anschließend drehen Sie die Ritzel von Hand im Uhrzeigersinn, bis der Freilaufkranz vollständig sitzt.

3

Wenn der Freilauf fest sitzt, ziehen Sie ihn mit dem Zahnkranzabzieher an – zuerst von Hand und dann mit einem Schraubenschlüssel, um ihn festzuziehen und den Freilauf direkt an die Nabe zu setzen.

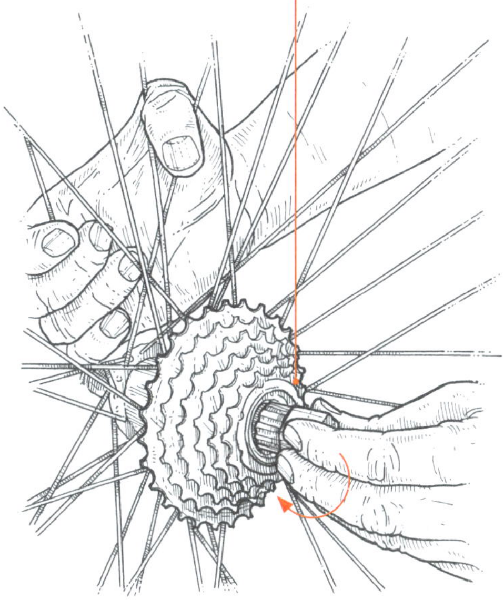

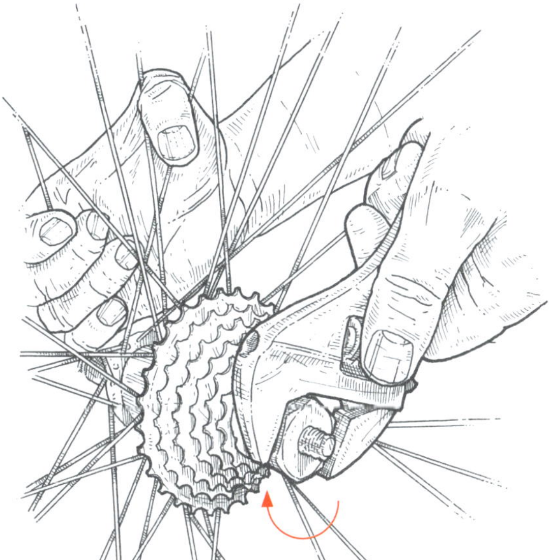

TIP: Die Montage eines Freilaufs mit Schraubkranz ist einfacher, als ihn nach Tausenden gefahrenen Kilometern wieder abzunehmen, da er durch die Drehkraft beim Fahren festgezogen wird. Nach einer gewissen Zeit benötigen Sie einen Schraubstock dafür – und wahrscheinlich auch einen starken Freund –, der Ihnen beim Ausbau hilft. Oft muss die Arbeit von einer Profi-Werkstatt erledigt werden. Das ist ein weiterer Grund, auf einen Freilaufkörper umzusteigen.

3.4 Einbau der Räder

Bremsen und Gangschaltung können nicht eingestellt werden, bevor die Räder eingebaut sind, daher sind sie nun an der Reihe. Dies geht am einfachsten – vor allem beim ersten Mal –, wenn das Fahrrad auf dem Kopf steht. Drehen Sie das Fahrrad um, und stellen Sie es auf Lenker und Sattel.

Schnellspanner

Die meisten der heutigen Laufräder sind für Schnellspanner geeignet, die durch die Hohlachse gesteckt werden, und werden häufig mit diesen zusammen geliefert. Obwohl sie kein Gewicht tragen, sorgen sie dafür, dass die Achse (die mit Gewicht belastet wird) sicher in den Ausfallenden bleibt, und die Räder schnell und ohne Werkzeug ausgebaut werden können.

Der Einbau von Vorder- und Hinterrad geschieht auf die gleiche Weise. Ziehen Sie die Mutter und die dazugehörige Feder vom Schnellspanner ab und führen Sie ihn durch das Rad; er kann in beide Richtungen montiert werden. Schieben Sie die Feder wieder auf und drehen Sie die Mutter einige Male mit den Fingern. Setzen Sie das Vorderrad in die Ausfallenden, wobei die Federn sich außerhalb der Gabel befinden. Die Achse kommt auf den Ausfallenden zu liegen, was durch ein einrastendes Geräusch begleitet wird. Wenn Ihr Rad Scheibenbremsen hat, stellen Sie die Bremssättel (die noch nicht fest am Rahmen befestigt sein sollten) so ein, dass die Scheibe in den Schlitz zwischen ihnen gleitet. Vergewissern Sie sich, dass der Hebel des Schnellspanners geöffnet ist, und drehen Sie die Mutter am anderen Ende im Uhrzeigersinn, bis Sie einen Widerstand spüren. Drücken Sie den geöffneten Hebel nach innen in die geschlossene Position (wenn er sich zu leicht drücken lässt, muss die Mutter etwas fester angezogen werden). Wiederholen Sie den Vorgang mit dem Hinterrad, aber drücken Sie den Hebel nicht gegen das Schaltwerk.

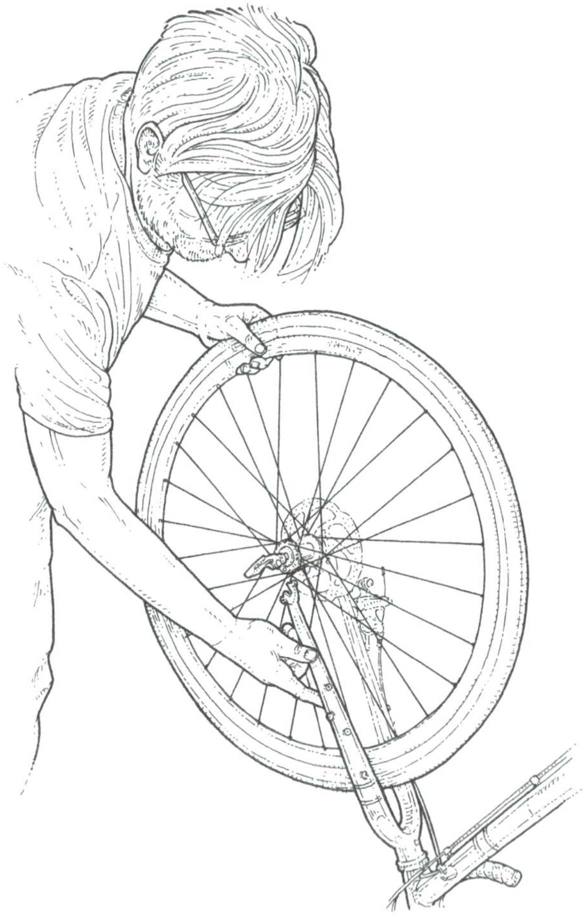

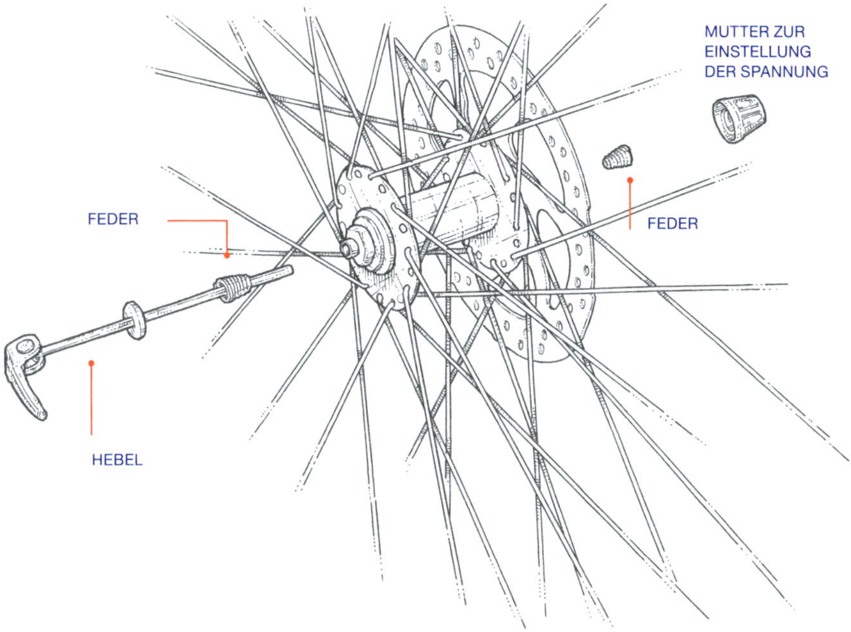

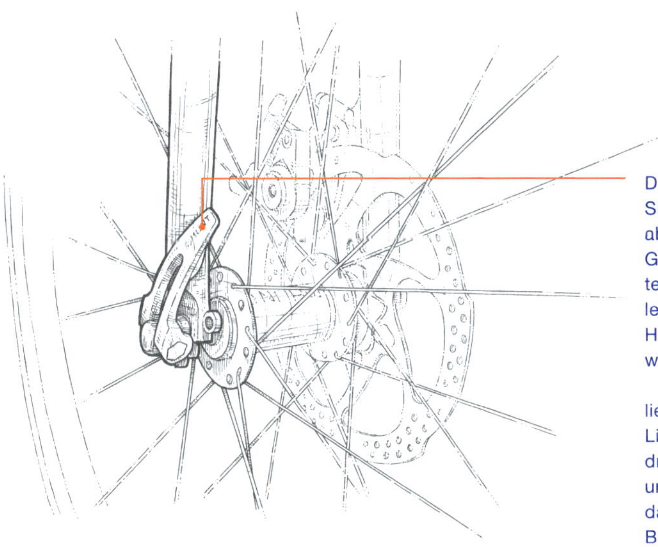

Der Hebel lässt sich leichter öffnen, wenn Sie ihn so schließen, dass der Griff neben, aber nicht direkt in einer Flucht mit der Gabel (Vorderrad) oder der Sitzstrebe (Hinterrad) liegt. Auf diese Weise lässt er sich leicht greifen und, falls er zu fest sitzt, mit Hilfe der Hebelwirkung am Rahmen öffnen, wenn Sie Ihre Hand dagegenlegen.

Drehen Sie die Laufräder und kontrollieren Sie, ob sie gerade und in einer Linie mit dem Rahmen sind. Danach drehen Sie das ganze Rad richtig herum und befestigen es am Montageständer, damit Sie die Kette aufziehen und die Bremsen einstellen können.

3.5 Messen und Aufziehen der Kette

Eine Kette, die zu lang oder zu kurz ist, schaltet nicht korrekt, sodass Sie nicht alle verfügbaren Gänge nutzen können. Daher ist es wichtig, dass die Kette die richtige Länge hat.

Kettenlänge

Es gibt viele Möglichkeiten, die richtige Kettenlänge zu ermitteln, und sie alle werden von dem einen oder anderen favorisiert (einige nutzen komplizierte mathematische Formeln dafür). Hier aber ist eine Methode, die sich problemlos anwenden lässt.

Fahrradketten bestehen aus „offenen" oder „äußeren" und „geschlossenen" oder „inneren" Gliedern.

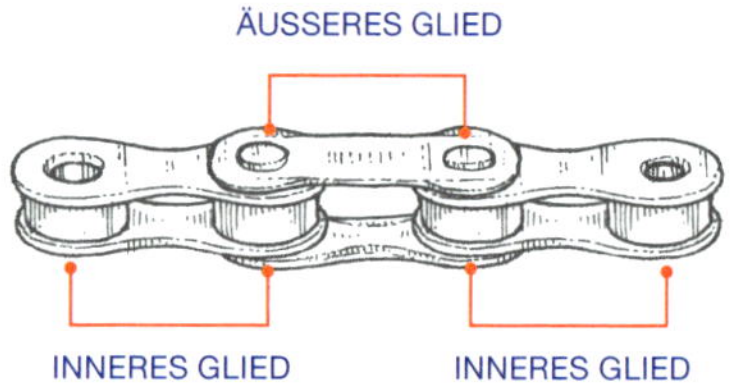

1

Sie erleichtern sich die Arbeit, wenn Sie die Kette markieren; halten Sie also einen Markierstift bereit. Befestigen Sie das Fahrrad hoch genug am Montageständer, sodass Sie bequem arbeiten können und vor der Antriebsseite sitzen. Bevor Sie beginnen, müssen Sie auch wissen, wie das Verschlussglied (s. S. 40) funktioniert.

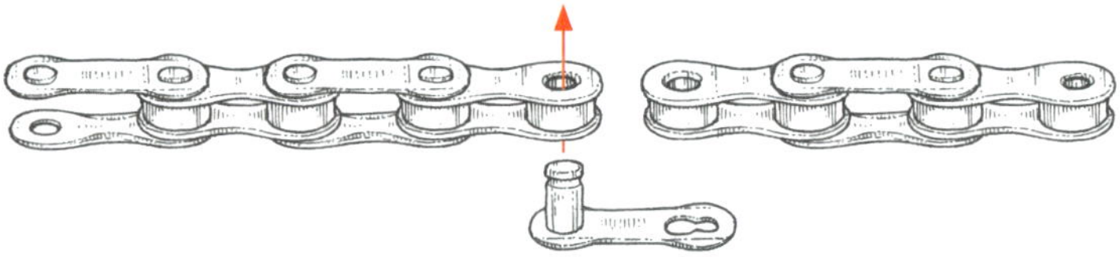

2

Legen Sie eine Hälfte des Verschlussglieds in ein inneres Glied an einem Ende der Kette.

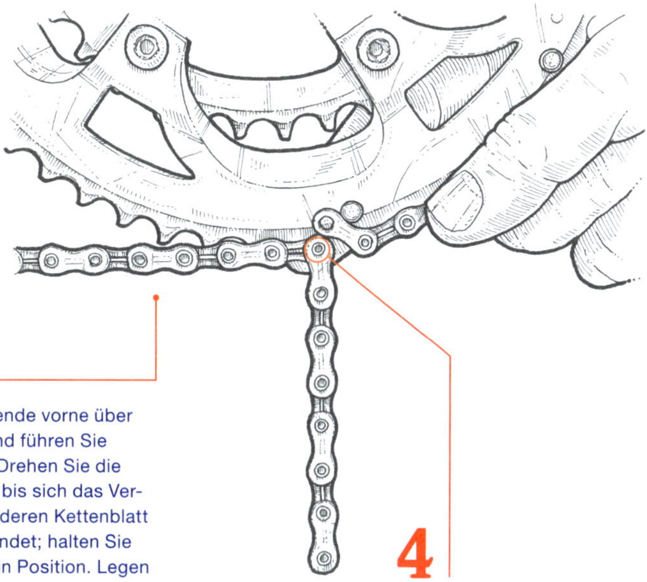

3

Legen Sie dieses Kettenende vorne über das größte Kettenblatt und führen Sie es durch den Umwerfer. Drehen Sie die Kurbel im Uhrzeigersinn, bis sich das Verschlussglied auf dem vorderen Kettenblatt ungefähr auf „5 Uhr“ befindet; halten Sie es mit der rechten Hand in Position. Legen Sie nun das andere Ende der Kette über das größte Ritzel auf der hinteren Kassette. Achten Sie darauf, dass die Kette vollständig in die Zähne des Ritzels greift; dieses Ende hängt gerade herab.

4

Ziehen Sie das linke Ende, ohne es durch das Schaltwerk zu führen, in Richtung des Verschlussglieds in Ihrer rechten Hand, damit die Kette gespannt ist. Suchen Sie das erste innere Glied, das mit dem Verschlussglied verbunden werden kann, und markieren Sie mit dem Stift die Stelle, an der die Bolzen aufeinandertreffen; das ist Ihr Referenzbolzen.

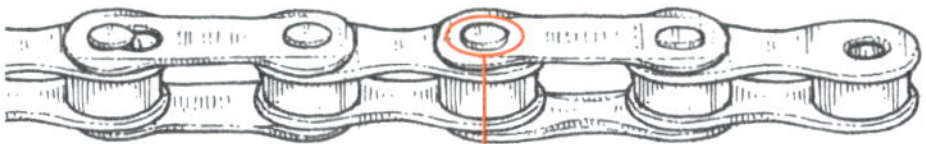

5

Nehmen Sie die Kette ab und legen Sie sie auf einen Tisch. Zählen Sie zwei Bolzen von dem Referenzbolzen weiter, dann öffnen Sie die Kette dort, sodass am Ende ein inneres Glied freiliegt, das mit dem Verschlussglied verbunden werden kann.

HINWEIS: Wenn Sie eine SRAM 1x11- oder 1x12-Schaltung (mit einem einzelnen vorderen Kettenblatt, einem Umwerfer mit langem Käfig und 11 oder 12 Ritzeln auf der Kassette) und keine Federung verwenden, sollten Sie die obigen Anweisungen bis Schritt 5 befolgen, aber öffnen Sie die Kette vier Bolzen nach dem Referenzbolzen.

Eine Kette öffnen

Eine Kette ist einfach und schnell zu öffnen, aber das sollte bei einer neuen Kette nicht an der falschen Stelle geschehen. Überprüfen Sie daher, ob Sie die richtige Länge haben, bevor Sie dies tun. Wiederholen Sie gegebenenfalls die Schritte 1 bis 5 oben, um sicherzugehen, dass Sie das richtige Glied gefunden haben.

1

Setzen Sie die Kette so in den Kettennieter ein, dass sich der richtige Bolzen in der Mitte befindet.

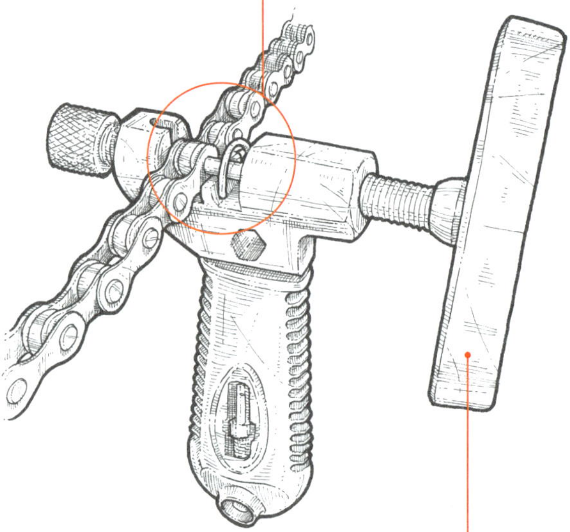

2

Drehen Sie die Flügelschraube des Kettennieters im Uhrzeigersinn, bis sie den Bolzenkopf berührt. Das Ende der Flügelschraube muss mittig auf den Bolzenkopf treffen, und das andere Ende des Bolzens darf nicht gegen die Rückseite des Kettennieters stoßen.

3

Drehen Sie weiter im Uhrzeigersinn, bis der Bolzen sich aus dem vorderen Plättchen löst und aus dem hinteren Plättchen herausfällt; dann teilt bzw. öffnet sich die Kette.

HINWEIS: Wenn Sie die Kette wieder am Fahrrad auflegen wollen (falls Sie sie z. B. entfernt haben, um ein anderes Teil zu warten) oder wenn Sie Glieder hinzufügen müssen, dann drücken Sie den Bolzen nicht ganz durch, damit er nicht herausfällt. Schieben Sie ihn vorsichtig durch, bis sein vorderes Ende im äußeren Plättchen stecken bleibt, aber der Bolzen zwischen den beiden Plättchen entfernt ist. Sie können die Kette jetzt öffnen und den Bolzen mit dem Kettennieter von der anderen Seite wieder eindrehen.

Einsetzen des Verschlussglieds und Aufziehen der Kette

Stellen Sie mit den Hebeln den Umwerfer und das Schaltwerk so ein, dass die Kette hinten auf dem kleinsten Ritzel und vorne auf dem kleinsten Kettenblatt liegt. Führen Sie nun ein Ende der Kette durch den Umwerfer, aber legen Sie es nicht auf das Kettenblatt, sondern auf das Tretlagergehäuse. Führen Sie das andere Ende über das kleinste Ritzel der Kassette und dann durch das Schaltwerk, sodass es unter den Führungen des Schalträdchenkäfigs hindurchgeht und in die Schalträdchen greift (s. S. 70).

1

Nehmen Sie die Kettenenden und führen Sie die beiden Teile des Verschlussglieds in die inneren Plättchen ein – eines von jeder Seite der Kette –, sodass sie zusammenpassen. Richten Sie die beiden Teile des Verschlussglieds aus, wobei die Stifte jeweils in das größere Ende des „Schlüssellochs“ des gegenüberliegenden Teils passen müssen.

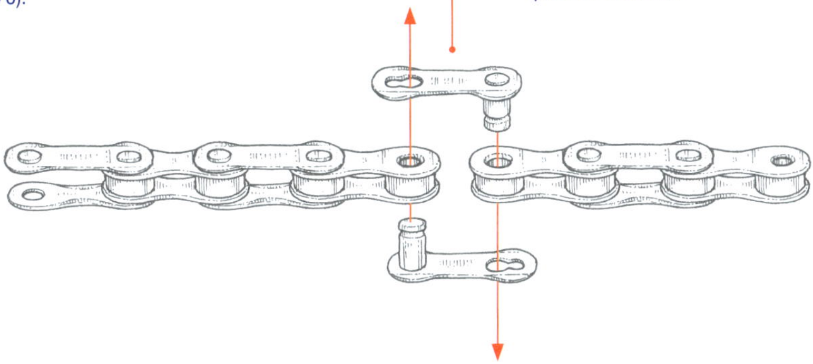

2

Drücken Sie das Verschlussglied zusammen, bis die Stifte in den Löchern sitzen.

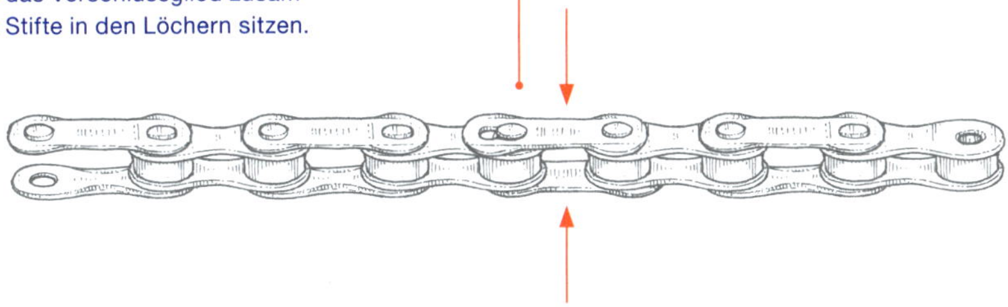

3

Ziehen Sie nun links und rechts des Verschlussglieds die Kette nach außen, damit die Stifte im kleineren Loch einrasten. Manchmal verbinden sich zwar die Stifte, schieben sich aber nicht weit genug nach außen und verriegeln das Glied nicht richtig. In diesem Fall legen Sie die Kette vorne auf das größte Kettenblatt (dazu müssen Sie den Umwerfer einstellen) und drehen das Pedal leicht zurück, um das Verschlussglied nach oben zu führen. Stoppen Sie, wenn es sich auf halbem Weg zwischen Kurbel und Kassette befindet. Halten Sie das Hinterrad mit der linken Hand fest und drehen Sie mit der rechten Hand die Kurbel fest im Uhrzeigersinn – dann rastet das Verschlussglied richtig ein.

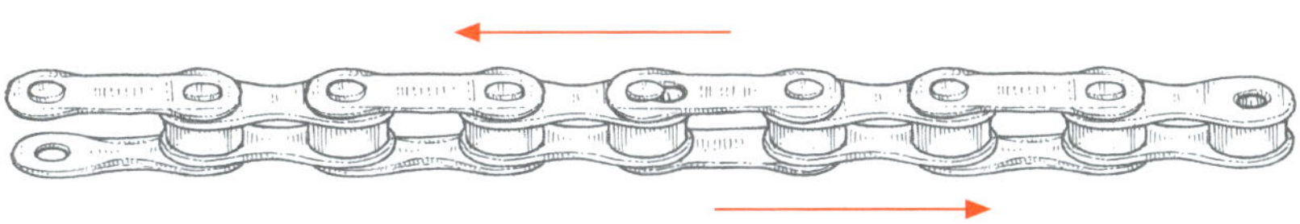

3.6 Einstellen des Schaltwerks

Nach dem Aufziehen der Kette müssen nun vorne und hinten die Kettenschaltungen so eingestellt werden, dass sich die Kette reibungslos von Ritzel zu Ritzel zwischen den Gängen bewegt, ohne abzuspringen.

Beginnen Sie mit dem Schaltwerk. Richten Sie den Montageständer so aus, dass Sie die Kette und das Schaltwerk von hinten gut sehen können. Zuerst justieren Sie die Schraube für den unteren Endanschlag, dann befestigen Sie den Schaltzug und stellen seine Spannung so ein, dass die Schaltung präzise funktioniert; anschließend justieren Sie die Schraube für den oberen Anschlag. Für die Einstellung der beiden Schrauben (H und L) benötigen Sie einen kleinen Kreuzschraubendreher.

1

Legen Sie die Kette auf das kleine vordere Kettenblatt (wenn Sie zwei haben) oder auf das mittlere (wenn Sie drei haben). Das Schaltwerk befindet sich – ohne Zugspannung – auf natürliche Weise in einer Stellung für einen hohen Gang. Drehen Sie nun die Kurbeln im Uhrzeigersinn, bis das Schaltwerk die Kette auf das kleinste Ritzel schiebt.

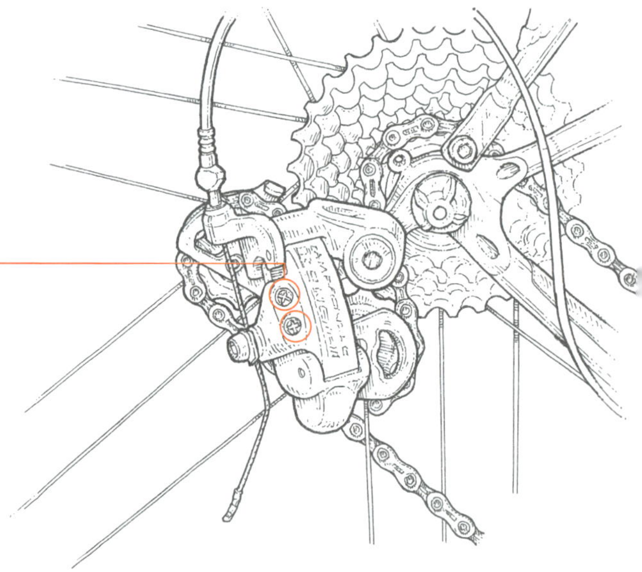

2

Am Schaltwerk sehen Sie zwei Schraubenköpfe, gekennzeichnet mit H für „high“ und L für „low“. Machen Sie die H-Schraube ausfindig, die den unteren Endanschlag (den schwersten Gang) bestimmt, bzw. wie weit sich das Schaltwerk in Richtung des Rahmens bewegen kann. Das Schaltwerk muss sich so weit nach außen verschieben, dass die Kette auf dem kleinsten Ritzel sitzt, aber nicht weiter, da sonst die Kette zwischen Rahmen und Kassette blockiert wird.

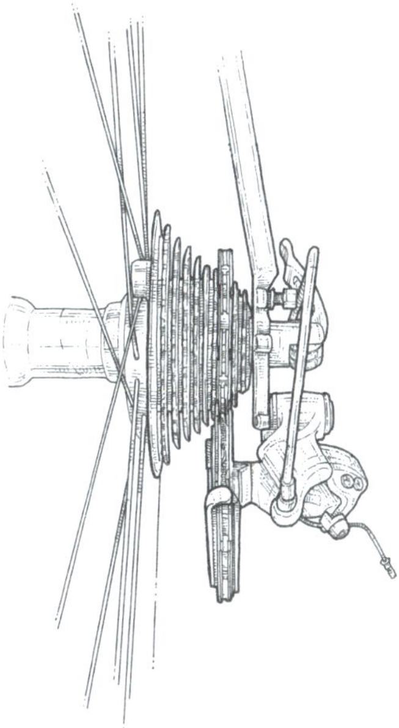

3

Durch Drehen der Schraube für den unteren Endanschlag (H) im Uhrzeigersinn bewegt sich das obere Schalträdchen, das sogenannte Leiträdchen, nach innen, gegen den Uhrzeigersinn nach außen. Stellen Sie die Schraube so ein, dass sich das Leiträdchen direkt unter dem kleinsten Ritzel befindet.

4

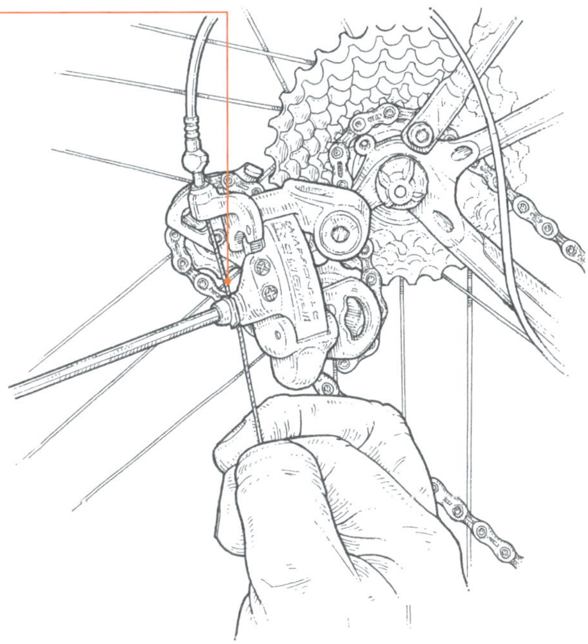

Jetzt befestigen Sie den Schaltzug. Lösen Sie die Kabelklemmschraube mit einem Inbusschlüssel und ziehen Sie den Schaltzug durch die Schraube. Vergewissern Sie sich, dass alle Kabelhüllen fest in ihren Halterungen am Rahmen sitzen. Drehen Sie den Zugeinsteller am Schaltwerk im Uhrzeigersinn bis zum Anschlag und machen Sie anschließend eine Umdrehung gegen den Uhrzeigersinn. Wenn sich am Unterrohr ein Zugeinsteller befindet, verfahren Sie dort genauso. Stellen Sie am Schalthebel den höchsten Gang ein (wodurch der Zug die geringste Spannung hat). Fassen Sie am anderen Ende den Zug (z. B. mit einer Kombizange), ziehen Sie ihn straff und, ohne den Zug zu lockern, drehen Sie die Kabelklemmschraube mit dem Inbusschlüssel fest. Sobald diese fest angezogen ist, können Sie den Schaltzug loslassen. Kontrollieren Sie noch einmal den Verlauf des Zugs, um sicherzustellen, dass er bis zum Schalthebel fest in seinen Halterungen sitzt.

5

Um das Schaltwerk zu justieren, drehen Sie die Kurbeln sachte nach vorne und schalten mit dem Hebel zwei Ritzel höher, sodass die Kette auf das dritte Ritzel springt. Stellen Sie sich hinter das Fahrrad und überprüfen Sie, ob sich das Leiträdchen direkt unter dem dritten Ritzel befindet (damit die Kette senkrecht läuft). Ist dies nicht der Fall, nehmen Sie die Feineinstellung mit Hilfe des Zugeinstellers vor: Durch Drehen gegen den Uhrzeigersinn wird die Spannung im Zug erhöht und das Schaltwerk nach innen verschoben. Durch Drehen im Uhrzeigersinn verringert sich die Spannung, und das Schaltwerk bewegt sich nach außen.

6

Sobald sich das Leiträdchen direkt unter dem dritten Ritzel befindet, drehen Sie langsam die Kurbeln und schalten einige Male auf und ab, ohne den niedrigsten Gang einzulegen. Das Schaltwerk sollte sich mit jedem Klicken des Hebels um ein Ritzel bewegen. Verschiebt es sich nur widerwillig auf die größeren Ritzel, erhöhen Sie die Zugspannung, indem Sie am Zugeinsteller eine Umdrehung gegen den Uhrzeigersinn machen. Wenn es nur langsam auf ein kleineres Ritzel schaltet oder beim Schalten auf die größeren Ritzel springt, lösen Sie die Spannung mit einer Drehung im Uhrzeigersinn.

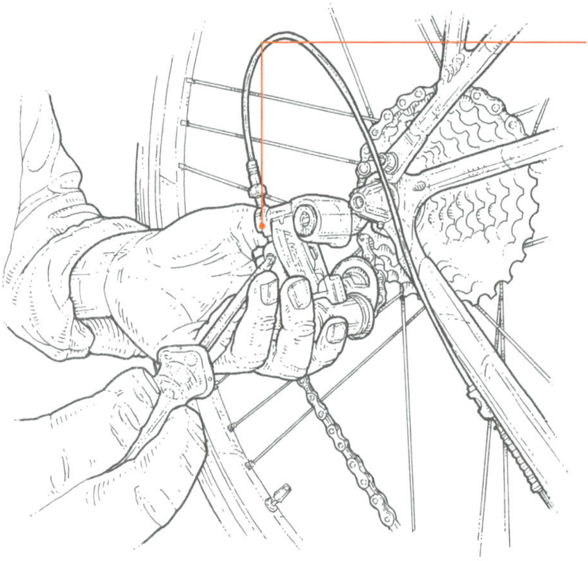

7

Wenn die Kette sich problemlos über die Ritzel bewegt, schalten Sie ganz sachte, mit einem Klick nach dem anderen, auf das größte Ritzel. Halten Sie das Rad an und machen Sie den mit L gekennzeichneten Schraubenkopf ausfindig; dieser befindet sich in der Regel direkt unter der von Ihnen bereits eingestellten Schraube für den unteren Anschlag. Die L-Schraube justiert den oberen Anschlag (also des leichtesten Gangs), bzw. wie weit sich das Schaltwerk nach innen bewegt. Schieben Sie nun den Schalträdchenkäfig so weit wie möglich in Richtung Rad, er wird sich wahrscheinlich weiter über das größte Ritzel hinaus nach innen bewegen: Das aber wollen Sie nicht, denn dadurch kann die Kette vom Ritzel abspringen und sich in den Speichen verklemmen. Drehen Sie die L-Schraube im Uhrzeigersinn und drücken Sie erneut gegen das Schaltwerk, um zu sehen, wo der Anschlag jetzt liegt. Fahren Sie so lange fort, bis das Schaltwerk sich nicht weiter als bis zum größten Ritzel bewegt.

8

Prüfen Sie Folgendes: Drehen Sie langsam die Kurbeln und schalten Sie zwischen den großen Ritzeln auf und ab. Liegt die Kette auf dem größten Ritzel, testen Sie den oberen Anschlag aus, indem Sie mit dem Schalthebel dem Zug mehr Spannung verleihen. Achten Sie nun darauf, ob sich die Kette – bevor sie in die Speichen fällt – vom Ritzel zu lösen beginnt. In diesem Fall stoppen Sie mit der Hand schnell das Rad, drehen es rückwärts und ziehen die Schraube für den oberen Anschlag wieder fest.

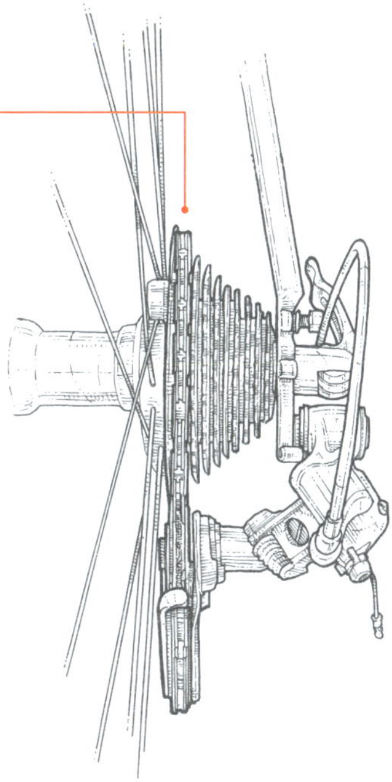

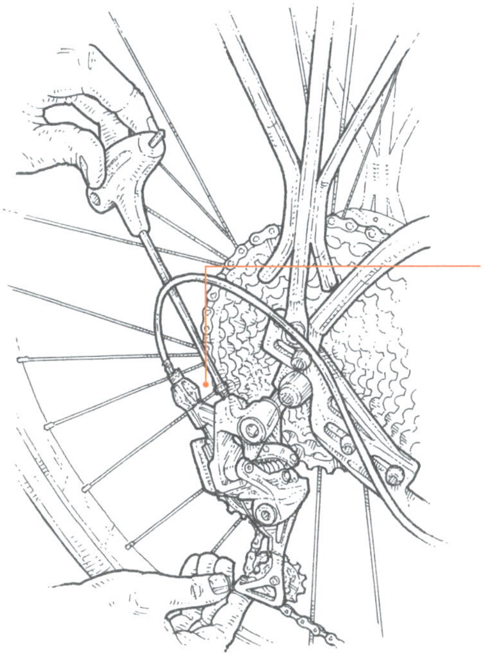

9

Abschließend müssen Sie die Umschlingung mit der B-Schraube einstellen, falls Ihr Schaltwerk eine solche hat. Sie befindet sich hinter der Befestigungsschraube auf der Rückseite des Schaltwerks und bestimmt den Abstand zwischen dem oberen Schalträdchen und der Kassette; das Rädchen sollte so nah wie möglich am größten Ritzel sein, dieses aber nicht berühren. Durch Drehen der B-Schraube im Uhrzeigersinn bewegt sich das Leiträdchen von der Kassette weg, durch Drehen gegen den Uhrzeigersinn rückt es näher heran.

10

Justieren Sie die B-Schraube so lange, bis der Abstand 3–5 mm beträgt. Kontrollieren Sie das Hoch- und Herunterschalten der Gänge und justieren Sie diese nach Bedarf. Kneifen Sie den Schaltzug mit einem Drahtschneider etwa 2–3 cm hinter der Kabelklemmschraube ab und stecken Sie eine Aderendhülse auf.

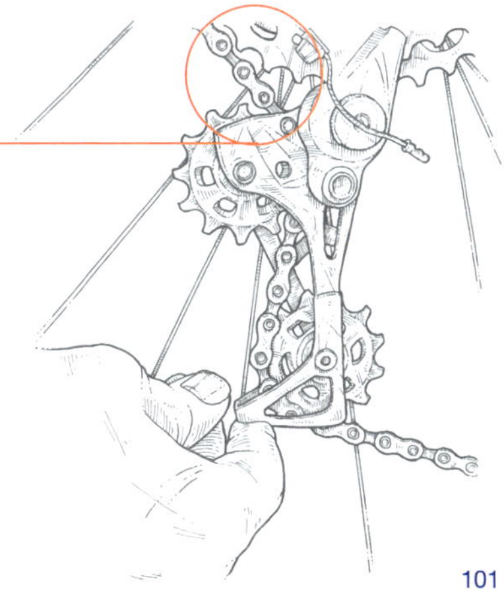

3.7 Einstellen des Umwerfers

Der Umwerfer ist wesentlich einfacher einzustellen als das Schaltwerk, aber auch er muss richtig justiert werden, um ein Kettenschleifen an den Leitblechen und ungewolltes Schalten zu vermeiden.

Vergewissern Sie sich, dass der Umwerfer die richtige Höhe am Sitzrohr hat – etwa 2–3 mm über den Zähnen des größten Kettenblatts – und sich parallel zu den Kettenblättern befindet. Der Umwerfer verschiebt die Kette von einer Seite zur anderen, das heißt, er greift in die Zähne des von Ihnen gewählten Kettenblatts ein. Die beiden Leitbleche (das innere auf der Rahmenseite und das äußere auf der Kurbelseite) dürfen die Kette nicht berühren, wenn sie auf dem Kettenblatt liegt.

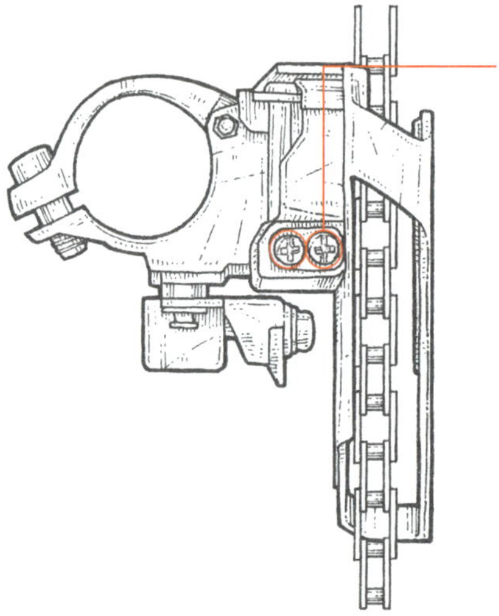

1

Legen Sie die Kette auf das kleinste Kettenblatt; ohne Zugspannung sollte der Umwerfer ungefähr auf einer Linie mit diesem liegen. Genau wie beim Schaltwerk wird der Schwenkbereich des Umwerfers durch zwei Schrauben begrenzt, die Sie oben sehen sollten: Sie können durch ein L und ein H gekennzeichnet sein. Die L-Schraube bestimmt normalerweise den unteren Anschlag, das bedeutet, wie nah zum Rahmen sich der Umwerfer bewegen kann. Stellen Sie sie so ein, dass das innere Leitblech gerade noch von der Kette entfernt ist, und drehen Sie die Kurbel einige Male, um zu gewährleisten, dass kein Kontakt entsteht. Falls diese Schraube den Umwerfer nicht bewegt, versuchen Sie es mit der anderen.

2

Jetzt müssen Sie den Schaltzug befestigen und unter Spannung setzen. Drehen Sie den Zugeinsteller am Umwerfer im Uhrzeigersinn bis zum Anschlag und machen Sie danach eine Umdrehung gegen den Uhrzeigersinn. Sollte sich am Unterrohr ein Zugeinsteller befinden, machen Sie dort das Gleiche. Der Zug wird erst unter das Tretlager, dann zurück nach oben geführt und passt von unten in die Kabelklemmschraube. Fassen Sie den Schaltzug, ziehen Sie ihn straff und drehen Sie, ohne die Spannung vom Zug zu nehmen, die Kabelklemmschraube mit einem Inbusschlüssel fest.

3

Drehen Sie nun langsam die Kurbeln, sodass die Kette durch den Umwerfer läuft. Drücken Sie den Schalthebel nach innen, um den Umwerfer auf das größere Kettenblatt zu bewegen. Sollte die Kette keinen Zugriff auf das große Blatt bekommen, drehen Sie den Zugeinsteller gegen den Uhrzeigersinn, um die Spannung zu erhöhen, und versuchen es erneut. Wenn der Umwerfer sich weigert, bis zum großen Kettenblatt auszuscheren, drehen Sie die H-Schraube für den oberen Endanschlag, um dem Umwerfer mehr Raum zu geben.

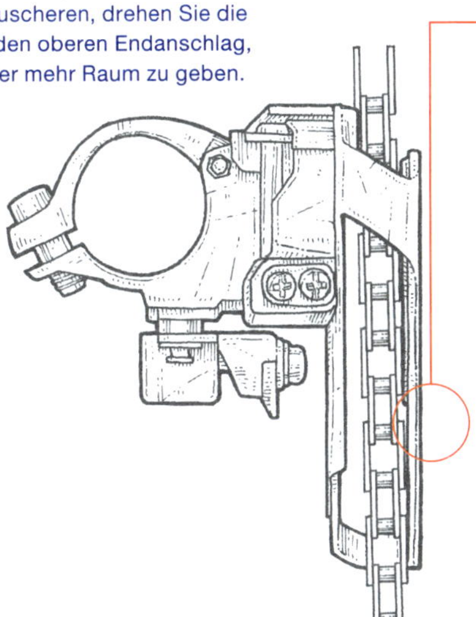

4

Sobald die Kette in das große Blatt greift, drehen Sie die Einstellschraube für den oberen Anschlag so, dass das äußere Leitblech 1–2 mm von der Kette entfernt ist. Kontrollieren Sie das Herauf- und Herunterschalten und justieren Sie, falls nötig, den Umwerfer.

5

Kneifen Sie den Schaltzug mit einem Drahtschneider etwa 2–3 cm hinter der Kabelklemmschraube ab und stecken Sie eine Aderendhülse auf.

3.8 Einstellen der Bremsen

Sie haben es fast geschafft! Ihr Antriebsstrang funktioniert, und Sie können zwischen den Gängen hin- und herschalten. Als Nächstes müssen Sie die Bremsen einstellen.

Scheibenbremsen justieren

Die Scheibenbremsen werden vorne und hinten auf die gleiche Weise eingestellt. Die Bremssättel sind bereits lose am Rahmen oder an der Gabel verschraubt, sodass sie etwas Spielraum beim Einbau der Räder hatten.

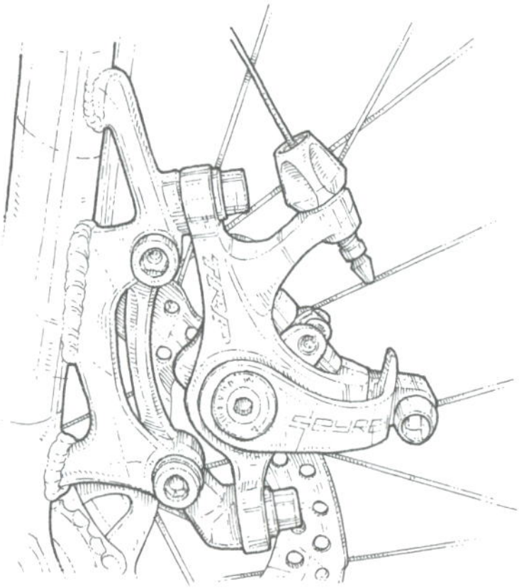

1

Ziehen Sie den Bremszug durch die entsprechende Führung und befestigen Sie die Kabelhülle und die Aderendhülse am Zugeinsteller. Drehen Sie diesen im Uhrzeigersinn bis zum Anschlag und machen Sie dann eine Drehung gegen den Uhrzeigersinn.

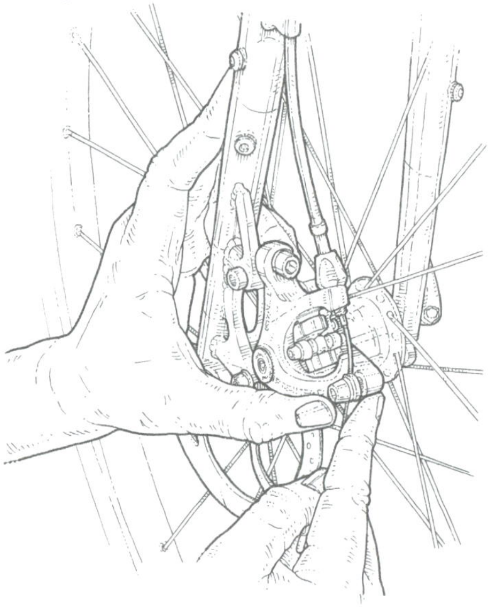

2

Führen Sie den Bremszug unter der Feststellschraube durch und ziehen Sie ihn z. B. mit einer Kombizange straff. Ziehen Sie dann die Feststellschraube fest. Kneifen Sie den Bremszug mit einem Drahtschneider ca. 2–3 cm von der Schraube ab und stecken Sie ein Kabelende darauf.

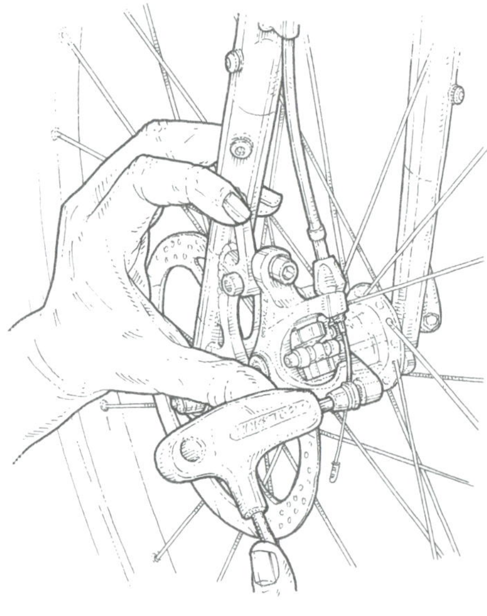

3

Ziehen Sie nun fest am Bremsgriff: Die Bremsbeläge sollten die Scheibe greifen, während sich der Bremssattel an seinen losen Befestigungsschrauben entsprechend verschiebt bzw. zentriert. Während die Bremse angezogen ist, ziehen Sie die Befestigungsschrauben mit einem Inbusschlüssel fest.

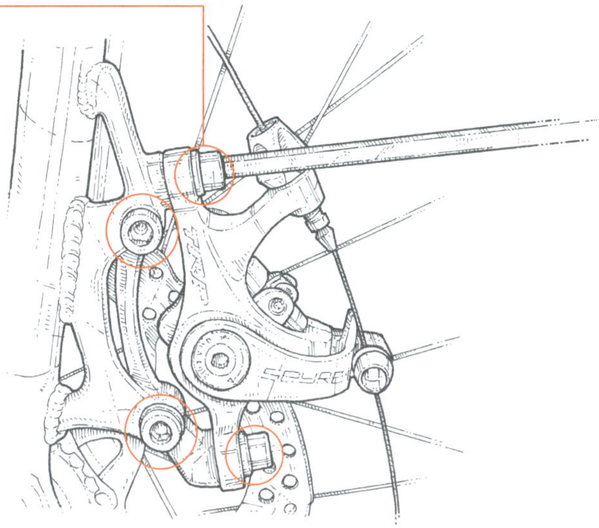

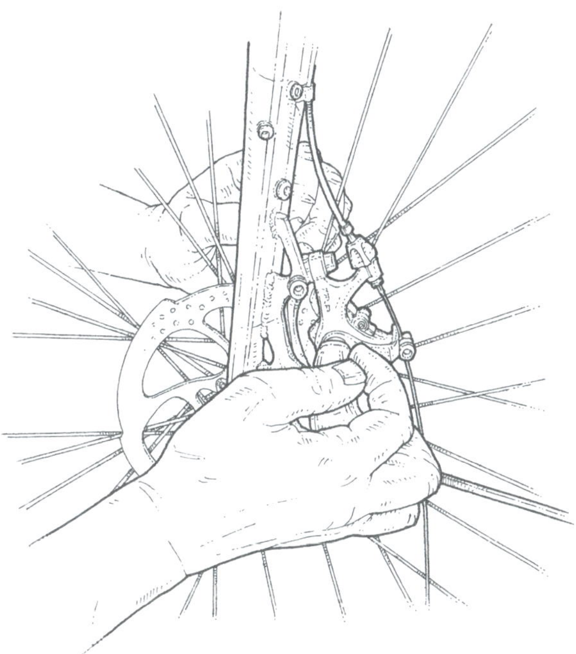

4

Drehen Sie das Rad, um zu prüfen, ob es an der Bremsscheibe schleift. Um sicherzustellen, dass genügend Bremskraft gegeben ist, ziehen Sie die Bremse fest an: Der Bremssattel sollte festen Zugriff auf die Scheibe haben, der gezogene Hebel noch 2–3 cm Abstand zum Lenker haben. Wenn er stärker angezogen werden muss, drehen Sie den Zugeinsteller gegen den Uhrzeigersinn. Einige Modelle haben an der Seite auch eine Justierschraube für den Bremssattel.

Felgenbremsen justieren

Die Einstellung am Vorder- und Hinterrad erfolgt auf die gleiche Weise. Die Bremssättel sind bereits an Rahmen oder Gabel angeschraubt und beim Einbau des Rads vollständig geöffnet. Sollten Ihre Bremsen einen Entriegelungshebel haben, stellen Sie diesen auf die geschlossene Position.

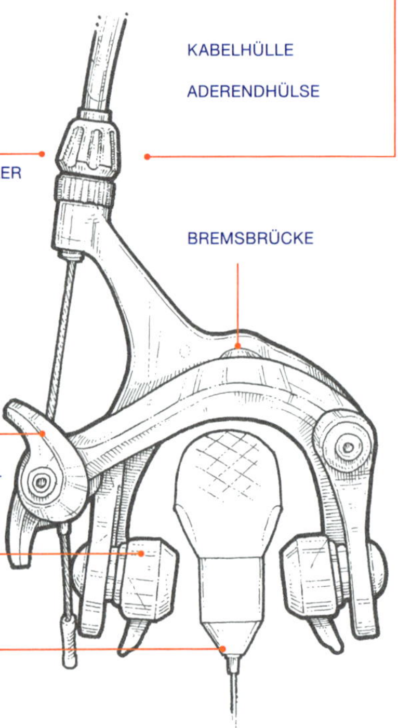

1

Drehen Sie den Zugeinsteller im Uhrzeigersinn bis zum Anschlag und machen Sie dann zwei Umdrehungen gegen den Uhrzeigersinn. Befestigen Sie die Kabelhülle und die Aderendhülse am Zugeinsteller und stecken Sie den Bremszug in die Klemme, indem Sie das Ende durch die Klemmplatten führen. An den Innenseiten der Platten befindet sich möglicherweise eine Nut, die verhindert, dass der Zug gequetscht wird. Ziehen Sie die Schraube leicht an, damit der Bremszug bleibt, wo er ist, aber nicht blockiert wird. Kontrollieren Sie, dass der Bremshebel kein Spiel hat; wenn doch, ziehen Sie den Bremszug unten weiter durch.

2

Drücken Sie die Bremsklötze, indem Sie die Bremsarme zusammenpressen, fest gegen die Felge. Ziehen Sie am Ende des Zugs, sodass er weiter durch die Klemmschraube verläuft, und ziehen Sie ihn dann mit einem Inbusschlüssel fest an, während Sie die Bremse immer noch geschlossen halten. Kneifen Sie den Bremszug mit einem Drahtschneider etwa 2–3 cm von der Schraube ab und stecken Sie ein Kabelende darauf.

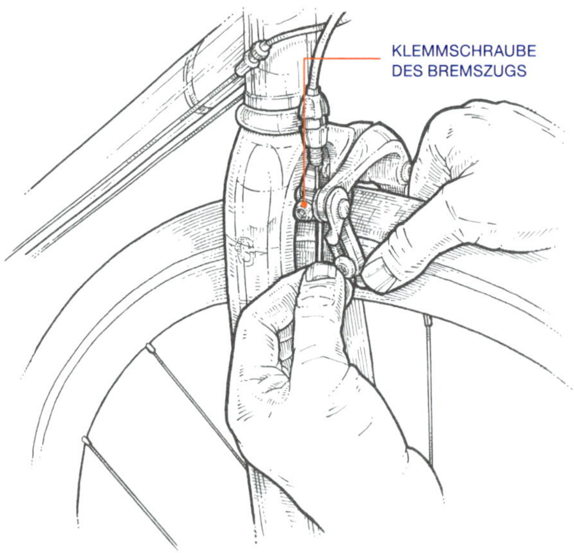

3

Testen Sie die Bremsen, indem Sie das Rad drehen und an den Hebeln ziehen: Der Bremssattel sollte die Felge fest zu packen kriegen, während der gezogene Hebel noch 2–3 cm Abstand zum Lenker hat. Wenn der Bremssattel näher zur Felge sein muss, drehen Sie den Zugeinsteller gegen den Uhrzeigersinn; muss er gelockert werden, drehen Sie ihn im Uhrzeigersinn.

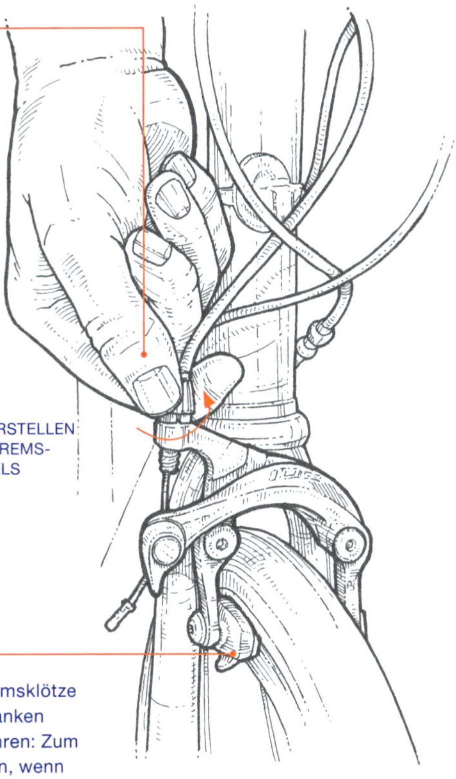

4

Achten Sie darauf, dass die Bremsklötze in einer Flucht mit den Felgenflanken sind und nicht den Reifen berühren: Zum Ausrichten ist es am einfachsten, wenn man sie leicht gegen das Rad drückt. Fixieren Sie die Bremshebel mit einer Schnur oder einem starken Gummiband, damit die Klötze am Rad bleiben, aber nicht so stramm, dass sie sich nicht bewegen lassen. Lösen Sie mit einem Inbusschlüssel die Schraube, mit der sie am Bremssattel befestigt sind, und richten Sie sie richtig aus. Ziehen Sie die Schraube wieder fest und achten Sie dabei darauf, die Klötze nicht zu verdrehen.

3.9 Das Fahrrad perfekt einstellen

Die Position auf dem Fahrrad hängt davon ab, wie Sattel und Lenker gemäß Ihrer Körpergröße eingestellt sind. Entscheidend ist die richtige Sattelhöhe: Sie wirkt sich darauf aus, wie bequem, effektiv und schmerzfrei Sie in die Pedale treten können.

Die drei wichtigsten Faktoren, um das Fahrrad Ihrer Körpergröße anzupassen, sind die Höhe des Sattels von den Tretkurbeln (nicht vom Boden), der Abstand zwischen Sattel und Lenker und die Höhe des Lenkers. Wenn Ihr Rahmen die richtige Größe für Sie hat, ist es recht einfach, den Sattel, die Sattelstütze und den Lenker einzustellen.

Sattelhöhe

Setzen Sie sich auf das Fahrrad und lehnen Sie sich, damit Sie das Gleichgewicht halten, an eine Wand. Setzen Sie Ihre Ferse (nicht den Fußballen) auf das rechte Pedal und treten Sie langsam so weit rückwärts, bis das Pedal die unterste Position erreicht. Ihr Knie sollte fast ganz gestreckt sein, wenn nicht, stellen Sie den Sattel etwas höher; sollte Ihre Ferse sich vom Pedal lösen, setzen Sie den Sattel tiefer. Achten Sie darauf, dass Sie sich weder zu der einen noch zur anderen Seite neigen müssen, um mit den Füßen auf den Pedalen zu bleiben, denn das ist ein Zeichen dafür, dass der Sattel zu hoch ist. Wenn Sie Ihren Fußballen unten auf das Pedal setzen (s. Abb.), sollte Ihr Knie leicht gebeugt sein.

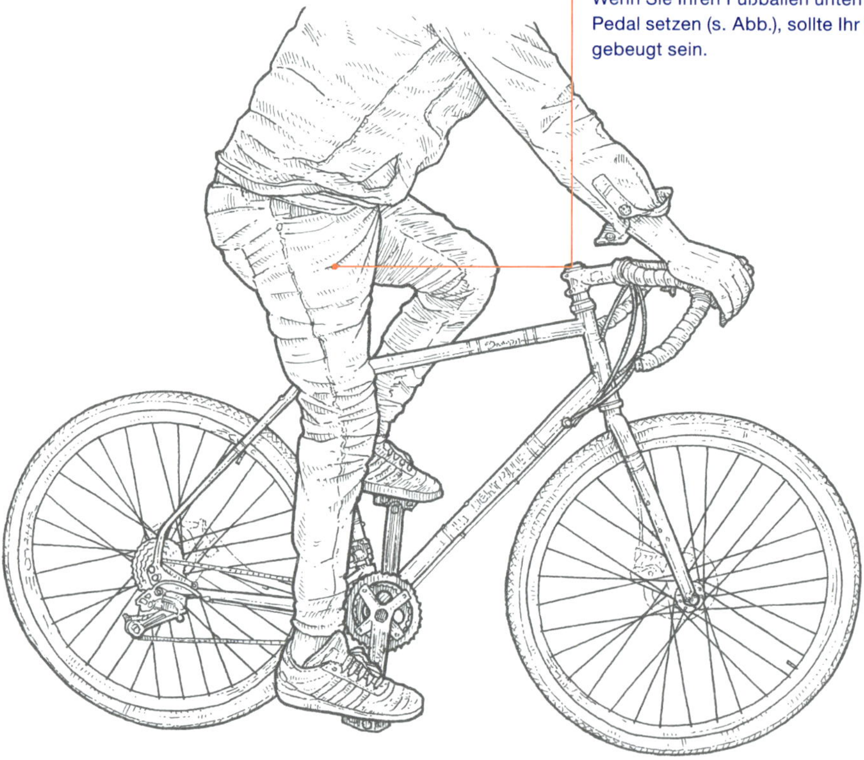

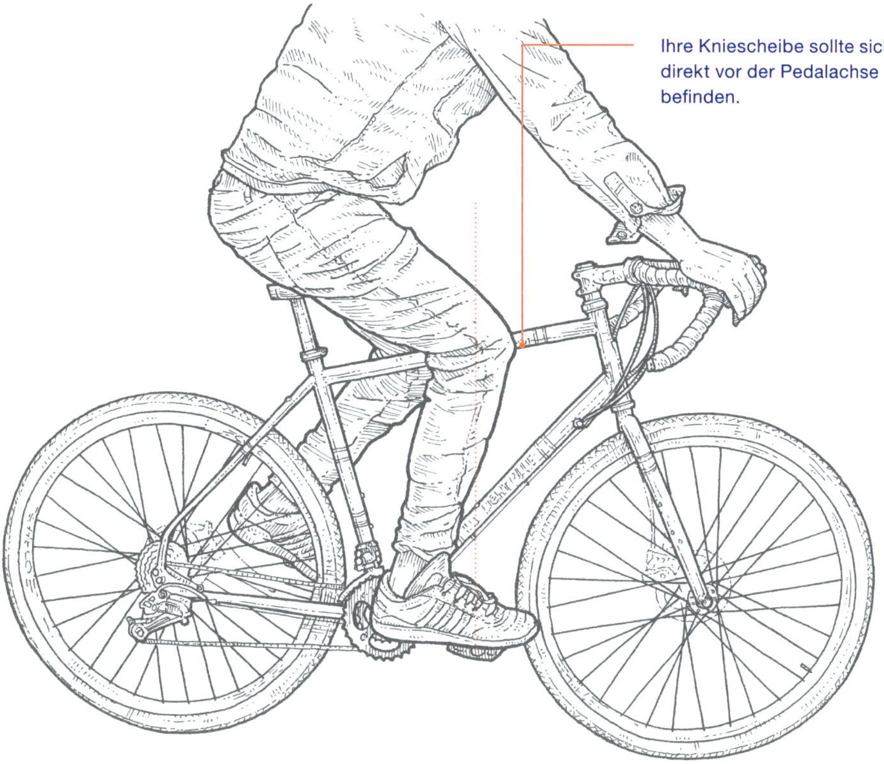

Position des Sattels

Sobald der Sattel die richtige Höhe hat, müssen Sie ihn nun horizontal ausrichten. Als gute Richtlinie gilt: Knie über Pedalachse. In dieser Position befindet sich Ihr Knie, wenn der Kurbelarm waagerecht und nach vorne gerichtet ist, direkt über der Achse in der Mitte des Pedals. Bringen Sie Ihre Füße in eine Fahrposition: den Fußballen entweder direkt über der Pedalachse oder etwas (1 cm) davor. Klicken Sie sich, wenn Sie mit Cleats unter den Schuhen fahren möchten, in die Pedale ein. Stellen Sie die Kurbel auf „3 Uhr" und lassen Sie einen Zollstock (oder einen ähnlich langen, geraden Gegenstand) neben der Vorderseite Ihrer Kniescheibe baumeln. Wie oben abgebildet, sollte sich der Zollstock oder die Stange direkt vor der Pedalachse befinden. Wenn nicht, lösen Sie die Schraube(n) unterhalb des Sattels und schieben ihn entweder vor oder zurück.

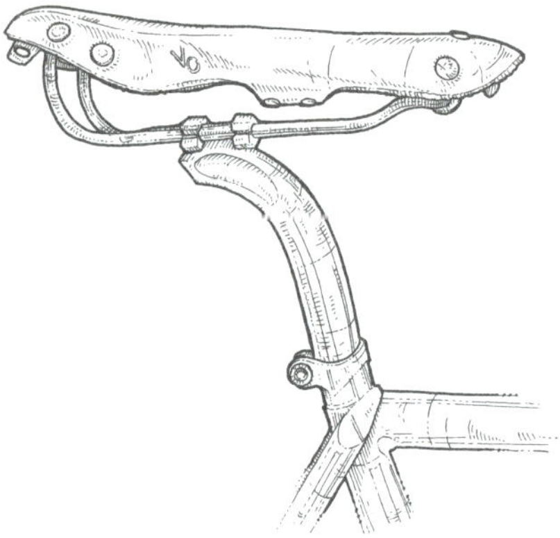

Der richtige Sattelwinkel

Beim Sattelwinkel kann eine winzige Einstellung einen großen Unterschied ausmachen, und hier sollten Sie etwas experimentieren. Bringen Sie den Sattel erst in eine gerade Position und neigen Sie ihn dann leicht nach vorne und nach hinten, bis Sie den bequemsten Winkel gefunden haben.

Lenker und Vorbau

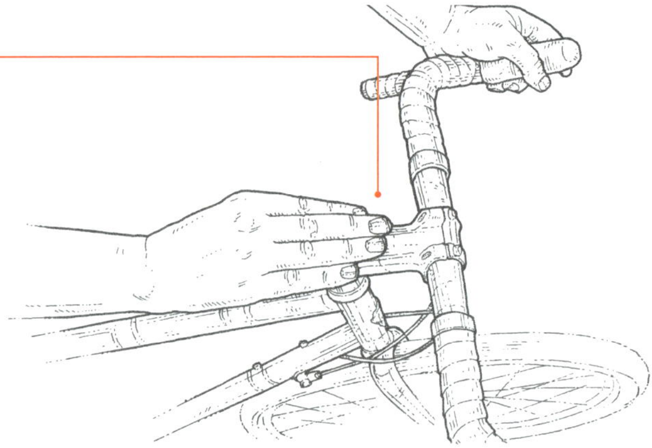

Der sogenannte Reach meint den Abstand von der kürzesten bis zur weitesten Griffposition, bzw. wie weit der Lenker nach vorne geht, aber: Es gibt nicht die perfekte Position. Eine gute Möglichkeit, sich in die richtige Fahrposition zu bringen, besteht darin, sich neben das Fahrrad zu stellen, mit dem Ellenbogen die Sattelnase zu berühren und die Hände in Richtung Lenker zu strecken. Der Abstand zwischen Lenker und Fingerspitzen sollte etwa drei bis vier Fingerbreit sein. Der Vorbau lässt sich leicht gegen ein längeres oder kürzeres Modell austauschen. Bei einem Rennlenker werden Sie merken, dass das Versetzen der Schalthebel nach oben oder nach unten einen großen Unterschied macht. Richten Sie die Hebel also jetzt aus, bevor Sie das Lenkerband anbringen.

Die Höhe des Lenkers

Auch das ist eine Frage des persönlichen Geschmacks: Ein guter Ausgangspunkt ist es, den Lenker etwa auf Sattelhöhe zu haben und ihn dann höher oder tiefer zu setzen, je nachdem, wie aufrecht oder aerodynamisch Sie sitzen wollen. Die Höhe des Vorbaus lässt sich mit der Schraube oben einstellen.

Ein Vorbau für gewindelose Gabelschäfte ist schwieriger zu verstellen (und der Bereich möglicher Höhen ist kleiner, vor allem, wenn der Schaft gekürzt ist). Kürzen Sie den Schaft nicht, bevor Sie nicht sicher sind, dass Sie die richtige Höhe gefunden haben. Beginnen Sie ohne Abstandhalter unter dem Schaft und setzen Sie welche auf, bis Sie eine bequeme Fahrposition haben.

3.10 Die erste Fahrt

Auf diesen Moment haben Sie sich schon lange gefreut: Obwohl es noch nicht ganz fertig ist, ist Ihr neues Fahrrad fahrbereit. Zeit für eine erste Probefahrt also.

Feineinstellung der Felgenbremsen

Ganz gleich, wie sorgfältig Sie die Bremsen montiert haben: Wahrscheinlich müssen Sie noch eine Feinabstimmung vornehmen. Beschleunigen Sie auf freier Strecke und bremsen Sie einige Male nur mit der Vorderradbremse. Wenn Sie merken, dass die Bremse an der Felge schleift, obwohl Sie nicht den Bremshebel betätigt haben, müssen Sie sie lösen: Machen Sie am Zugeinsteller eine halbe Umdrehung im Uhrzeigersinn und versuchen Sie es dann erneut. Sollte sich das Laufrad auch dann noch drehen, wenn Sie den Bremshebel ganz durchgezogen haben, müssen Sie sie anziehen: Machen Sie am Zugeinsteller eine halbe Umdrehung gegen den Uhrzeigersinn und versuchen Sie es erneut. Wenn Ihre Vorderradbremse in Ordnung ist, wiederholen Sie das Gleiche mit der Hinterradbremse.

Einschleifen der Scheibenbremsen

Sie müssen die Scheibenbremsen einschleifen, sodass sie sich etwas abnutzen, damit die maximale Fläche des Bremsbelags mit den Scheiben in Kontakt kommt. Beschleunigen Sie dazu auf circa 15 km/h, ziehen Sie dann beide Bremsen fest an und drosseln Sie das Tempo auf ca. 5 km/h (Schritttempo), ohne anzuhalten oder die Bremsen zu blockieren. Wiederholen Sie dies etwa zwanzigmal. Beschleunigen Sie dann auf etwa 30 km/h (oder auf die Geschwindigkeit, mit der Sie normalerweise fahren) und bremsen Sie sich wieder auf Schritttempo ab. Wiederholen Sie dies zehnmal.

Gangschaltung

Ihre Gangschaltung sollte sofort richtig funktionieren, aber es lohnt sich, ein paar Mal die Gänge herauf- und herunterzuschalten, um zu gewährleisten, dass sie auch unter Gewichtslast richtig einrasten. Achten Sie darauf, ob sich das Umschalten von Ritzel zu Ritzel zu lange hinzieht oder Gänge übersprungen werden. Dies können Anzeichen dafür sein, dass Sie das Schaltwerk oder den Umwerfer neu ausrichten müssen.

3.11 Das Lenkerband anbringen

Nachdem Sie Sattel und Lenker auf Ihre Größe angepasst, die Feineinstellung der Gänge und Bremsen vorgenommen und sich vergewissert haben, dass alles reibungslos läuft, ist es an der Zeit, Ihrem Fahrrad den letzten Schliff zu geben: das Lenkerband.

Anders als bei den meisten Arbeiten bedarf es beim Anbringen des Lenkerbands etwas Geschick. Man kann hierbei schnell etwas falsch machen, und es können kleine Unregelmäßigkeiten beim Wickeln auftreten. Befolgen Sie diese Anweisungen und scheuen Sie sich nicht, noch mal von vorne zu beginnen, wenn es schiefgeht.

Lenkerband variiert zwar im Preis, folgt aber im Grunde immer dem gleichen Prinzip: zwei lange Bänder aus Kunststoff, Kork oder Leder, die in der Regel auf einer Seite ein Stück doppelseitiges Klebeband in der Mitte aufweisen. (Bei einigen Marken fehlt das Klebeband; die Hersteller verlassen sich ausschließlich auf die elastische Zugspannung für den Halt am Lenkerrohr). Das Klebeband fixiert zwar das Lenkerband am Lenker, bietet aber nicht allzu viel Halt: Es wird durch die Spannung gehalten, die Sie beim Aufwickeln aufbringen. Stramm angebracht, in die richtige Richtung gewickelt und an jedem Ende sicher befestigt, sollte das Lenkerband für viele lange Fahrten halten.

Ein Päckchen Lenkerband enthält normalerweise zwei lange Rollen und zwei kürzere Stücke Polsterband, zwei Stopfen und zwei kurze Streifen eines stärker klebenden Abschlussbands. Sie benötigen all dies und eine Schere. Wenn Ihre Brems- und Schaltzüge so verlegt sind, dass sie am Lenker entlang verlaufen, benötigen Sie auch vier 10 cm lange Streifen Isolierband.

1

Reinigen und trocknen Sie den Lenker, damit das Klebeband gut haftet. Befestigen Sie das Fahrrad am Montageständer und fixieren Sie das Vorderrad mit der Haltestange: Das Lenkerband lässt sich leichter wickeln, wenn Sie sich nicht bücken müssen oder der Lenker wackelt.

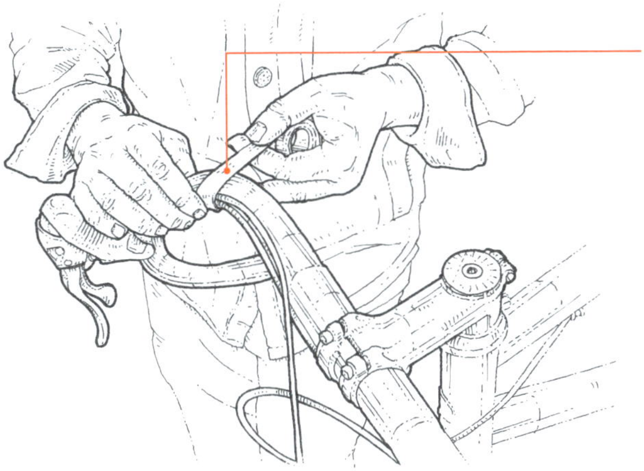

2

Befestigen Sie die Schalt- und Bremszüge mit zwei Streifen Isolierband an den Lenkerbiegungen und betten Sie sie in die Nut (falls vorhanden) an der Vorderseite des Lenkers ein. Umwickeln Sie jede Lenkerseite mit einem weiteren Stück an der Stelle, wo das Lenkerband enden soll (ca. 5–6 cm vor den Kanten des Vorbaus); dies ist später Ihre Markierung. Achten Sie darauf, dass diese Stücke symmetrisch angebracht werden. Zum Schluss klappen Sie die Gummiabdeckung der Bremsschalthebel hoch.

3

Nehmen Sie nun eines der langen Stücke, entfernen Sie die Abdeckung des Klebebands auf der Innenseite und wickeln Sie das Band um das offene (untere) Ende des Lenkers, sodass die Hälfte der Breite des Bands über die Öffnung des Rohrs hinausragt. Es ist wichtig, das Klebeband über die Oberseite des Lenkerrohrs nach außen zu wickeln. Dadurch gewährleisten Sie, dass das Drehmoment Ihres Griffs am Lenker in derselben Richtung liegt wie die Zugspannung, die Sie beim Wickeln dem Band geben. Das Band muss stramm sitzen, aber nicht zu stark, sonst kann es reißen. Wickeln Sie es um den Lenker und achten Sie darauf, dass das Band sich um etwa ein Drittel seiner Breite überlappt. Orientieren Sie sich an dem Klebestreifen in der Mitte – er sollte sich auf dem Lenker befinden, nicht auf dem darunterliegenden Lenkerband. Achten Sie vor allem in den Lenkerbiegungen darauf, dass sich das Band überlappt und unter Spannung bleibt.

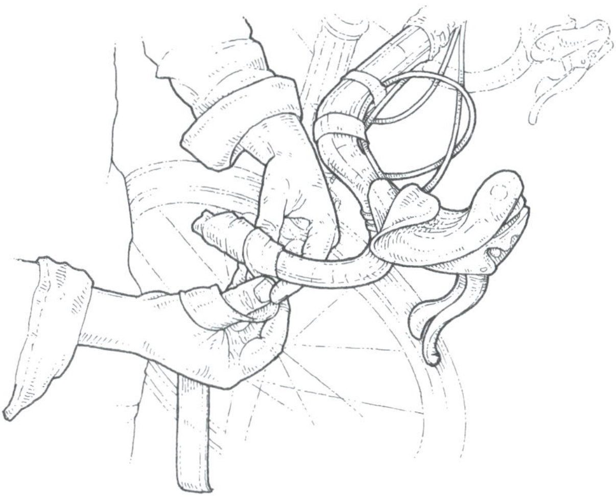

4

Wickeln Sie gleichmäßig weiter, bis Sie die Unterseite des Bremsschaltgriffs erreichen. Führen Sie das Band an der Unterseite heraus, dann nach oben und wieder über die Oberseite nach innen.

5

Nun wickeln Sie noch einmal unter dem Bremsschaltgriff herum und dann wieder über den Lenker nach innen.

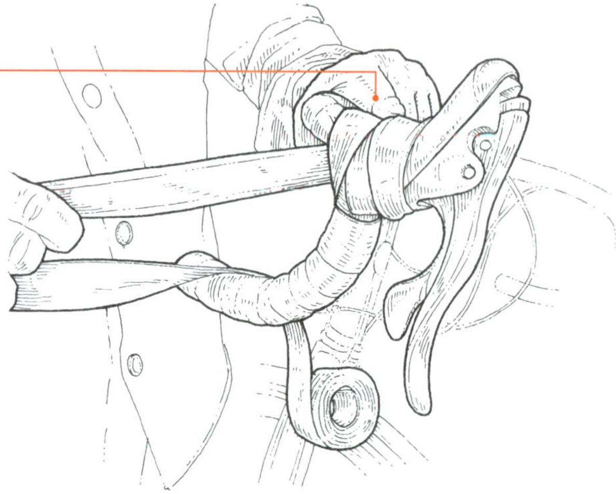

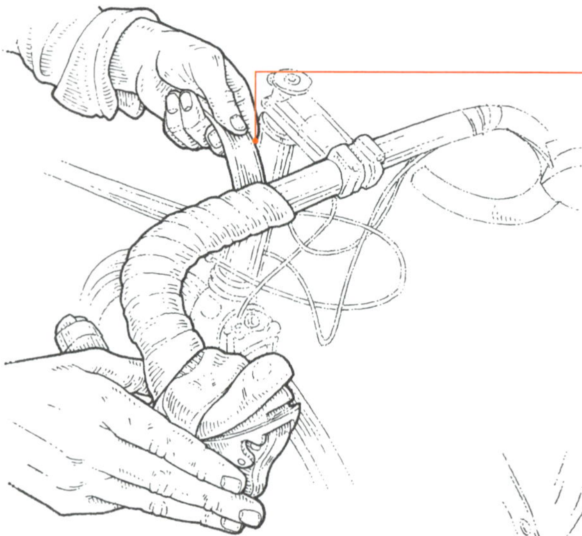

6

Wickeln Sie weiter entlang der Oberseite des Lenkers, bis Sie den Punkt erreicht haben, an dem das Band enden soll.

7

Um an der Stelle, an der sich das Band ein letztes Mal um sich selbst wickelt, eine saubere Kante zu erhalten, schneiden Sie das Ende des Bands mit einer Schere spitz zu. Schneiden Sie, wie gezeigt, von der Vorderkante aus das Klebeband ca. 10 cm ein.

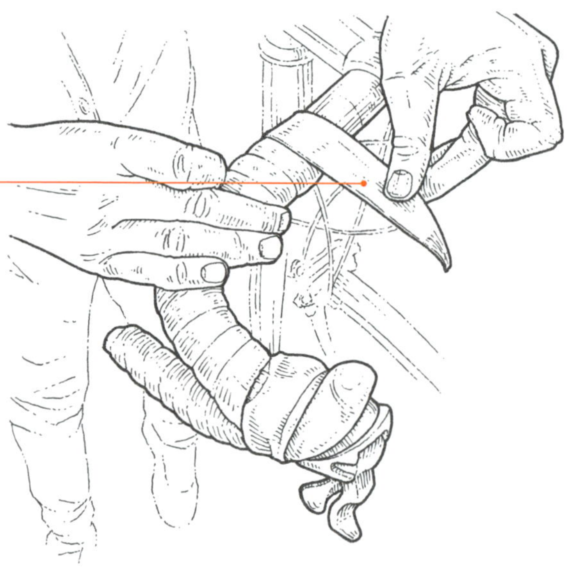

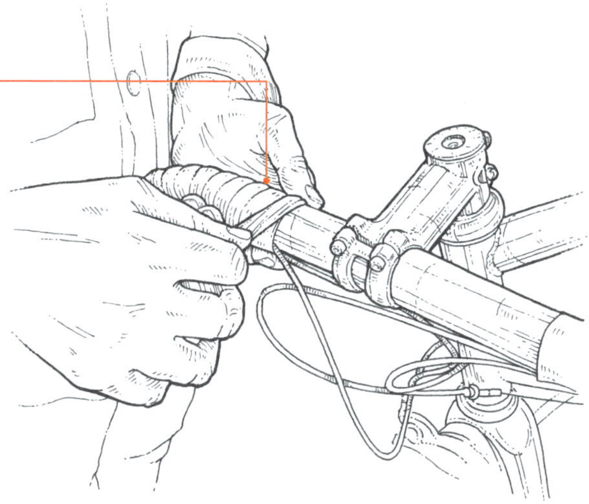

8

Wenn das erledigt ist und das Band an der Kante sauber abschließt, nehmen Sie das Abschlussband und kleben ein Ende so auf das sich verjüngende Ende des Lenkerbands, dass sich etwa die Hälfte davon überlappt. Ziehen Sie es straff und wickeln Sie es dann gerade um den Lenker, sodass es über sich selbst liegt, das Ende des Lenkerbands festzieht und alles am Lenker hält.

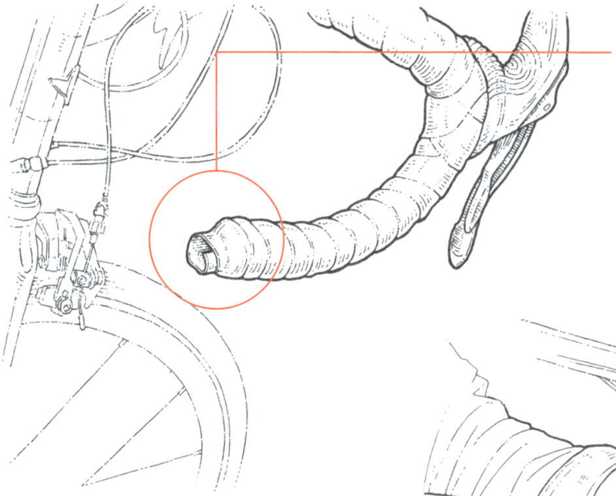

9

Gehen Sie nun zurück zum unteren Ende des Lenkers, wo Sie mit dem Wickeln begonnen haben und das Lenkerrohr noch offen ist.

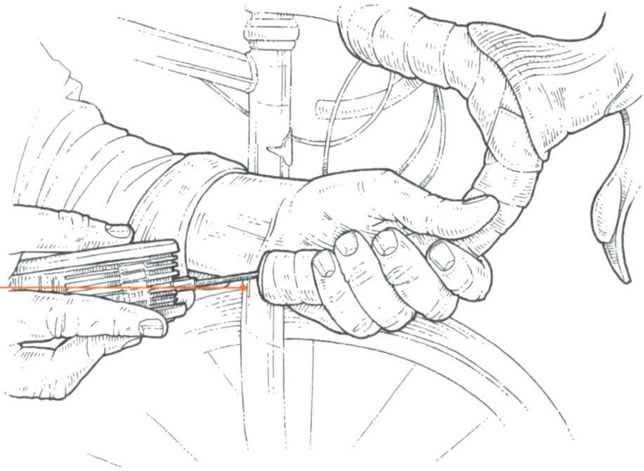

10

Stecken Sie zunächst das überstehende Lenkerband und danach die Stopfen in den Lenker; einige haben in der Mitte eine Sechskantschraube, die dem Stopfen stärkeren Halt gibt. Ziehen Sie sie mit einem Inbusschlüssel fest.

11

Wiederholen Sie das Ganze auf der anderen Lenkerseite.

Herzlichen Glückwunsch! Sie haben soeben Ihr Fahrrad fertiggestellt. Sie können dieses Buch jetzt weglegen und die Fahrt genießen.

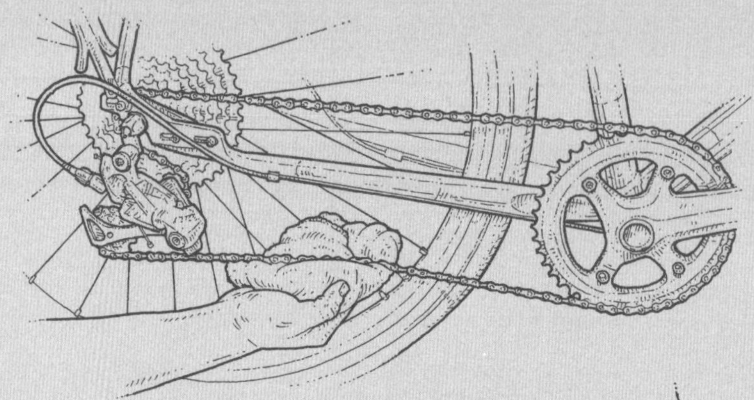

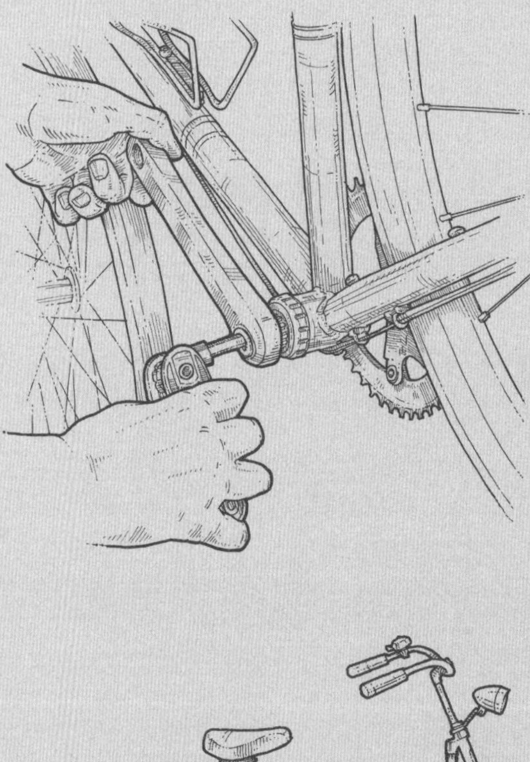

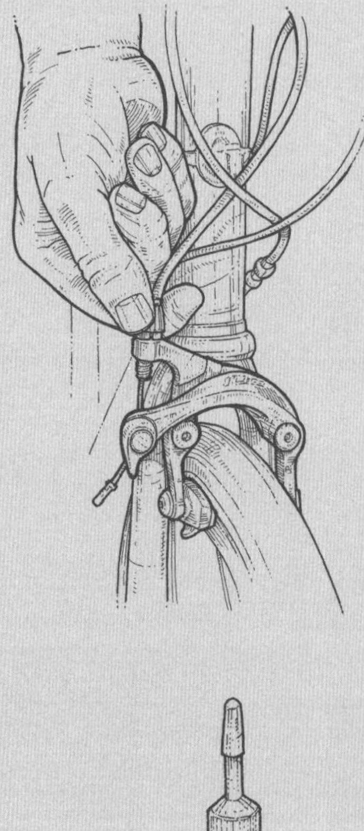

Muc-Off
wet
lube

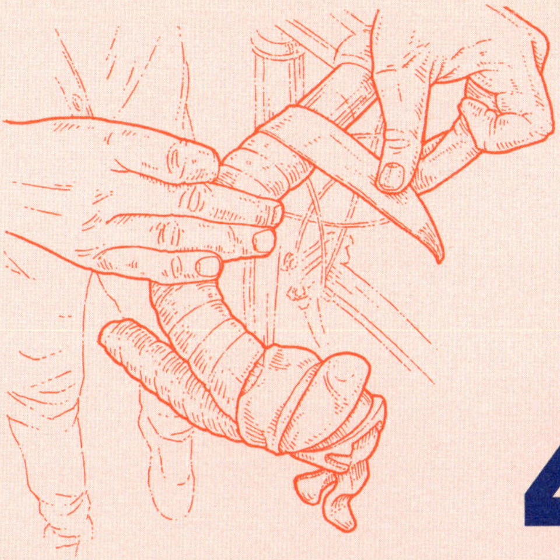

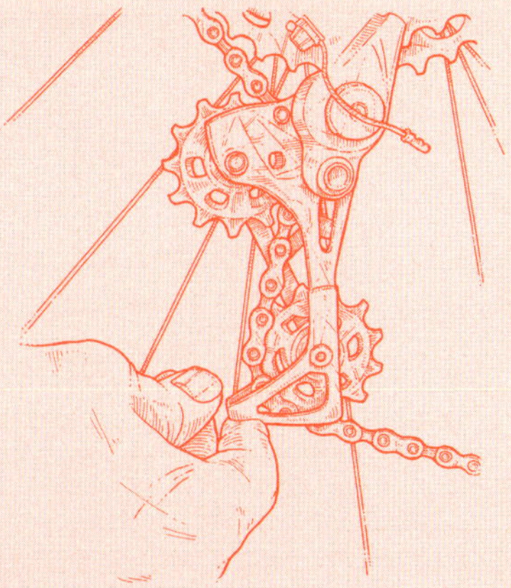

4

Pflege und Instandhaltung

Ein Fahrrad muss gepflegt und gewartet werden. Einige Teile verschleißen, andere müssen geschmiert werden, um intakt zu bleiben, und schließlich wird Ihr Fahrrad mit der Zeit schmutzig, was ebenfalls zu Problemen führen kann. Die gute Nachricht ist, dass etwas Wartung sehr viel bringt – es dauert nur wenige Augenblicke, um die Reifen zu prüfen und die Kette zu schmieren –, und das sorgt dafür, dass Sie weiter beruhigt fahren können, ohne eine Panne befürchten zu müssen.

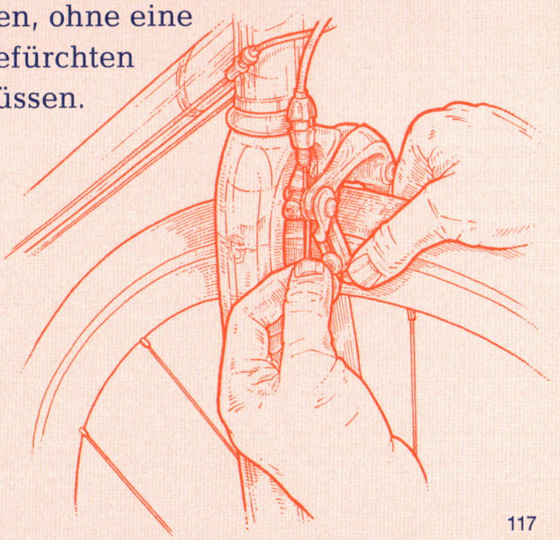

4.1 Regelmäßige Wartung

Ab und an ein paar Minuten Pflege gewährleisten, dass Ihre neue Maschine gut aussieht und reibungslos läuft. So gehen Sie den meisten Problemen aus dem Weg, bevor diese wirklich gravierend und die Reparaturen teuer werden – Ihr Fahrrad wird es Ihnen danken.

Jährliche Inspektion

Indem Sie nur einige wenige Teile ausbauen, überprüfen, reinigen und nachschmieren, bleibt Ihr Fahrrad Jahr für Jahr am Laufen. Auf diese Weise vermeiden Sie auch eventuelle Rostschäden und untrennbar festsitzende Komponenten infolge von Berührungskorrosion – ein Albtraum, wenn Sie ein Teil austauschen oder nachrüsten müssen.

Pedale

Bei ständiger Krafteinwirkung und schlechten Witterungs- und Geländebedingungen kann es passieren, dass die Pedale sich in den Kurbeln verklemmen. Sie sollten sie einmal im Jahr vollständig entfernen und die Gewinde vor dem Wiedereinsetzen reinigen und nachschmieren.

Sattelstütze

Sattelstützen aus Metall sind korrosionsanfällig, wodurch sie sich dauerhaft im Sitzrohr Ihres Rahmens festsetzen können. Das lässt sich vermeiden, indem Sie die Sattelstütze einmal im Jahr ausbauen, zusammen mit dem Sitzrohr reinigen und neu fetten.

Tretlager

In einem Rahmen kann sich in der Nähe des Tretlagers Wasser ansammeln und Rostschäden verursachen. Es lohnt sich, einmal im Jahr zu überprüfen, ob alles in Ordnung ist: Kettenblattgarnitur abnehmen, Tretlager abschrauben, Innenseite des Gehäuses reinigen, Tretlagergewinde reinigen, nachschmieren und wieder einsetzen.

Reifen

Überprüfen Sie die Reifen am besten vor jeder Fahrt. Kontrollieren Sie beim Aufpumpen, ob die Seiten ausfransen und ob die Rollfläche kahle Stellen aufweist.

Felgenbremsen

Sie können die Lebensdauer Ihrer Bremsbeläge verlängern, indem Sie die Bremssättel leicht anziehen: Drehen Sie den Zugeinsteller einmal gegen den Uhrzeigersinn, prüfen Sie die Bremse und drehen Sie ihn ggf. noch einmal. Wenn Sie dies einige Male getan haben, lohnt es sich, die Beläge zu checken. Ist die Oberfläche glatt abgenutzt und sind keine Rillen mehr in den Bremsklötzen, wäre es an der Zeit, diese zu ersetzen. Wenn Sie die Beläge austauschen, sollten Sie den Zugeinsteller wieder in seine Ausgangsposition bringen.

Scheibenbremsen

Auch die Bremsbeläge von Scheibenbremsen nutzen sich ab und büßen mit der Zeit ihre Bremskraft ein. Um dies auszugleichen, können Sie die Bremssättel nachspannen: Drehen Sie den Zugeinsteller einmal gegen den Uhrzeigersinn, prüfen Sie die Bremse und drehen Sie ihn ggf. noch einmal. Wenn Sie dies ein paar Mal getan haben, sollten Sie die Beläge mit kritischem Blick inspizieren. Sind weniger als ein paar Millimeter Belag auf der Metallplatte, ist es Zeit für einen Wechsel.

Eine intakte Kette

Die Fahrradkette – stets stark belastet und dem Schmutz der Straße ausgesetzt – wird mehr als jede andere Komponente strapaziert und bedarf daher mehr Pflege als die übrigen Teile.

Regelmäßige Kettenpflege

Das Wichtigste ist, dass Ihre Kette gut geschmiert und sauber bleibt. Das lässt sich am besten direkt nach einer Fahrt erledigen, denn so können Wasser und Straßenschmutz nicht dazu führen, dass die Kettenglieder anfangen zu rosten. Außerdem kann das Kettenöl vor Ihrer nächsten Fahrt gemächlich ins Innere der Kette eindringen. Tragen Sie einen Tropfen Kettenöl oben auf jedes Glied auf und schmieren Sie es in die Ritzen, indem Sie mit den Fingerspitzen und der Daumenkuppe leicht an der Kette entlangfahren. Reinigen Sie die Seiten der Kette mit einem Lappen; das Öl ist für die Innenseite der Kette gedacht, nicht für die Außenseite.

Wenn Sie Ihr Rad zum Pendeln benutzen, brauchen Sie die Kette nicht jeden Tag zu reinigen, es reicht, wenn Sie sie einmal in der Woche überprüfen. Schmieren Sie die Kette jedoch auf jeden Fall, wenn Sie durch den Regen gefahren sind.

Wann muss die Kette ausgetauscht werden?

Alle Ketten dehnen sich mit der Zeit etwas aus, und wenn sie zu lang sind, funktionieren sie nicht mehr gut, springen von Ritzel zu Ritzel und greifen nicht mehr richtig in die Zähne des Kettenblatts oder der Kassette. Eine feste Regel, die besagt, wie viele Kilometer eine Kette aushält, gibt es nicht. Vieles hängt davon ab, wie Sie fahren, wie viel Sie wiegen und wie gut Sie sie pflegen. Aber sobald der Kettenverschleiß zwischen 0,75 % und 1,0 % beträgt (das heißt, wenn sie infolge des Fahrens stark gedehnt wurde), ist es Zeit für einen Wechsel. Überprüfen Sie sie daher gelegentlich mit einer Kettenverschleißlehre.

Legen Sie das Werkzeug auf ein Glied Ihrer Kette: Wenn der 0,75 %-Punkt in eine Lücke zwischen den Gliedern passt, muss Ihre Kette bald ausgetauscht werden. Passt der 1,0 %-Punkt in eine Lücke, dann sofort.

Wenn Sie Ihre Kette nicht rechtzeitig messen und austauschen, werden Sie merken, dass sie nur noch schlecht funktioniert, vor allem unter starker Belastung. Sie wird dann zögernd und unvorhersehbar in andere Gänge übergehen. Wenn es so schlimm wird, sollten Sie die Kassette auch gleich austauschen, da eine stark verschlissene Kette die Ritzel auf der Kassette mit abgenutzt hat.

Reinigung einer stark verschmutzten Kette

Nach einem Tag im Gelände müssen Sie die Kette wahrscheinlich gründlicher reinigen, bevor Sie das Kettenöl auftragen. Sie können das mit einem feuchten Lappen, einer Bürste mit harten Borsten oder einem speziellen Kettenreiniger tun. Verwenden Sie in jedem Fall ein Lösungsmittel auf Zitrusbasis in warmem Wasser, um den Schmutz zu entfernen. Lassen Sie die Kette trocknen und tragen Sie dann das Kettenöl wie beschrieben auf. Lassen Sie die Kette nie feucht und ungefettet zurück – sie beginnt nach wenigen Tagen zu rosten.

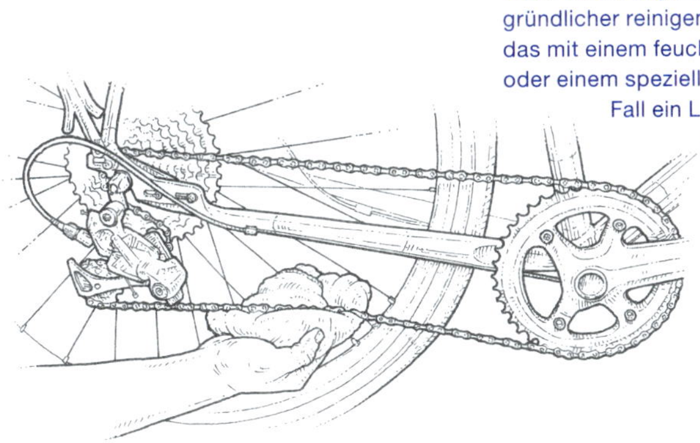

4.2 Zentrieren einer Felge

Speichenräder sind technische Wunderwerke, aber sie müssen auch viel aushalten, können schnell beschädigt werden und müssen zentriert sein, um einwandfrei zu laufen. Ein kleiner Seitenschlag (eine „Acht") in der Felge kann in der Regel minimiert oder ganz beseitigt werden, indem man die Speichenspannung vorsichtig einstellt.

Wenn Ihr Fahrrad Felgenbremsen hat, merken Sie sofort, wenn eine Felge einen Schlag abbekommen hat, da sie in rhythmischen Abständen an den Bremsklötzen schleift. Daher gilt es, die Felge schnellstmöglich zu zentrieren. Falls Sie mit Scheibenbremsen fahren, sollten Sie Ihre Räder regelmäßig überprüfen, indem Sie das Fahrrad auf den Kopf stellen, ein Rad schnell drehen, es in gerader Flucht von vorne oder von hinten beobachten und kontrollieren, ob es „eiert". Wenn dem so ist, machen Sie sich am besten sofort an die Arbeit. Ist nämlich eine Felge so stark verzogen, dass Sie nicht mehr damit fahren können, kann sie zwar noch repariert werden, aber das müssten Sie dann einem Profi überlassen.

Um ein Rad zu zentrieren, muss man gewissenhaft und methodisch vorgehen. Das Problem lässt sich nämlich leicht verschlimmern, indem man überstürzt handelt. Nehmen Sie sich Zeit dafür.

Die Form des Rads hängt von der Speichenspannung ab. Sie müssen diese Spannung einstellen, indem Sie die Speichen an der Stelle, an der sie auf die Felge treffen, anziehen oder lösen. Gebrochene Speichen müssen ausgetauscht werden. Es gibt mehrere Muster, wie die Speichen in einer Felge angeordnet sind, und viele verschiedene Naben, doch kann dieses Thema hier aus Platzgründen nicht vollständig abgedeckt werden. Sehen Sie im Handbuch und auf der Webseite des Herstellers nach, wenn Sie das selbst in Angriff nehmen wollen.

1

Befestigen Sie das Fahrrad am Montageständer und setzen Sie sich auf Augenhöhe in einer Flucht mit der auszubessernden Felge. Zuerst müssen Sie alle losen Speichen ausfindig machen. Zupfen Sie hierfür etwas an allen Speichen am Rad. Wenn eine der Speichen locker ist, ziehen Sie sie mit dem Speichenschlüssel gegen den Uhrzeigersinn an, bis sie etwa die gleiche Spannung hat wie die anderen Speichen (und beim „Zupfen“ einen ähnlichen Ton von sich gibt).

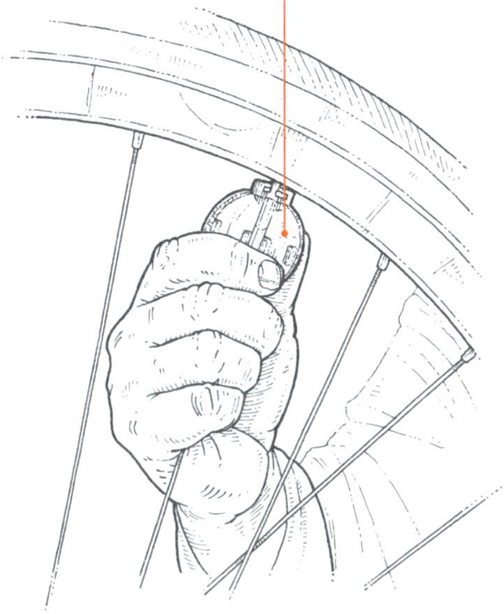

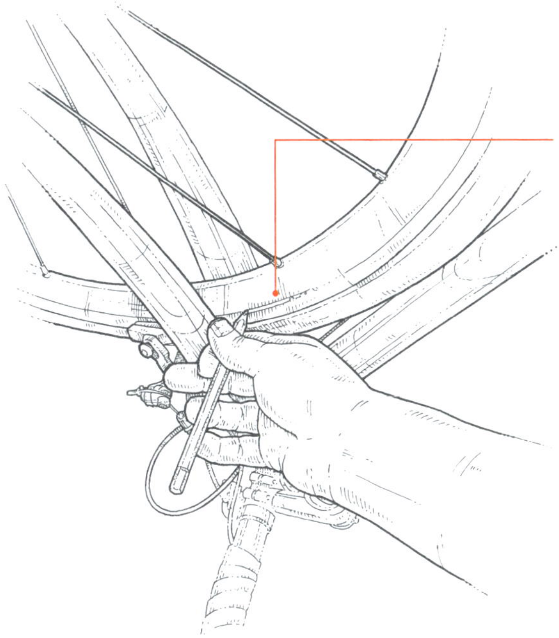

2

Jetzt müssen Sie genau die Stelle finden, wo das Problem liegt. Drehen Sie das Rad und achten Sie auf die Stelle, an der die Felge seitlich ausschlägt. Halten Sie nun einen Bleistift gegen den Bremsklotz, die Strebe oder die Gabel gedrückt, sodass die Bleistiftspitze sich nahe der Felge an der ausschlagenden Seite befindet, die Felge aber nicht berührt. Drehen Sie das Rad, und während es langsam rotiert, bewegen Sie den Bleistift in Richtung der sich drehenden Felge. Die Bleistiftspitze berührt genau die Stelle, an der das Rad eiert, und hinterlässt eine Linie, die Ihnen anzeigt, welche Speichen nachgestellt werden müssen.

3

Setzen oder stellen Sie sich nun so hin, dass Sie auf den Bleistiftstrich blicken. Die Speiche, die der Markierung am nächsten liegt, muss am meisten nachgestellt werden. Sie müssen zuerst nachschauen, ob diese Speiche auf der vorderen oder hinteren Radseite auf die Nabe trifft. Halten Sie sich an die nachstehende Anleitung und wenden Sie diese gemäß der entsprechenden Zeichnung für die Einstellung an, die Sie vornehmen müssen.

Einstellung der Speiche, wenn sie auf der hinteren Radseite auf die Nabe trifft

Trifft die Speiche auf der hinteren Radseite auf die Nabe, lösen Sie die beiden benachbarten Speichen des Rads und ziehen die Speiche in der Mitte an.

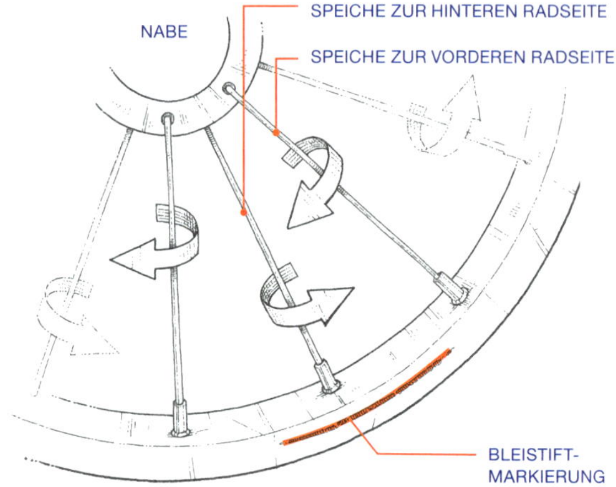

Einstellung der Speiche, wenn sie auf der vorderen Radseite auf die Nabe trifft

Wenn die Speiche auf der vorderen Radseite auf die Nabe trifft, lösen Sie sie und ziehen dann die beiden benachbarten Speichen des Rads an.

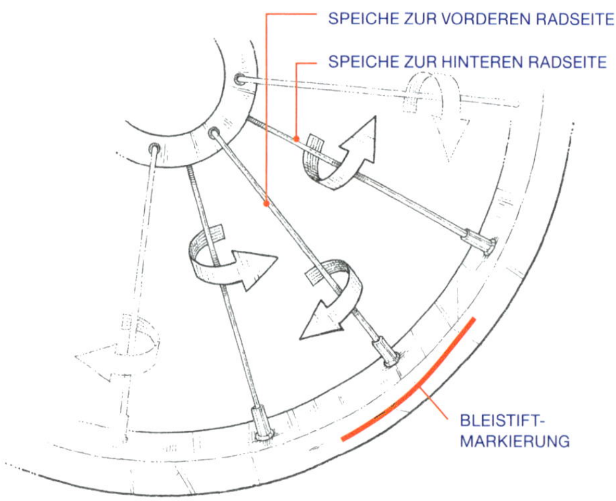

Anleitung zur Einstellung von Speichen

- Lösen Sie eine Speiche durch eine halbe Umdrehung im Uhrzeigersinn mit dem Speichenschlüssel.
- Ziehen Sie eine Speiche durch eine Vierteldrehung gegen den Uhrzeigersinn an.
- Wenn Sie die Speichen anziehen, die diesen Bereich der Felge mit der hinteren Seite der Nabe verbinden, bewegt sich die Felge von Ihnen weg. Werden dieselben Speichen gelöst, bewegt sich die Felge auf Sie zu.
- Ziehen Sie die Speichen an, die diesen Bereich der Felge mit der vorderen Seite der Nabe verbinden, kommt die Felge auf Sie zu. Werden dieselben Speichen gelöst, bewegt sich die Felge von Ihnen weg.

Benutzen Sie unter Einhaltung dieser Leitsätze den Speichenschlüssel zum Lösen und Festziehen der Speichen, um die dem Seitenschlag am nächsten gelegenen Speichen um jeweils etwa eine halbe Umdrehung zu lösen oder anzuziehen. Drehen Sie das Rad, damit Sie sehen, wie das geholfen hat. Falls nötig, wiederholen Sie den Vorgang so lange, bis die Felge wieder zentriert ist. Überprüfen Sie den Lauf der Felge regelmäßig.

Checklisten

Nutzen Sie diese Tabellen, um sich zu vergewissern, dass Sie sich alle benötigten Teile besorgen und dass sie miteinander funktionieren. Sollte die Kompatibilität einiger Teile ein Problem sein, wird bei den Produktbeschreibungen meist darauf hingewiesen. Die meisten Informationen finden Sie auf den Webseiten der Hersteller. Hier ist in den Tabellen Platz gelassen, zum Eintragen der Herstellerkennzeichnung (Artikelnummer etc.) und für Vergleiche mit ähnlichen Produkten.

RAHMEN UND GABEL

KOMPONENTE	BEMERKUNGEN	ZU BEACHTEN
Rahmenmarke und -modell		
Material		
Größe		
Geometrie	Steuerrohr: .... Sitzrohre:	
Gabel		Durchmesser des Gabelschaftes messen, nachschauen, ob er ein Gewinde hat
Maximale Freigängigkeit der Reifen		
Befestigungen für Scheiben- oder Felgenbremsen?		
Falls Scheibenbremsen, welche Scheibengröße?	vorne: .... mm hinten: .... mm	
Falls Scheibenbremsen, Flatmount- oder Postmount?		
Befestigungen für Fahrradtaschen und Schutzbleche?		
Umwerfer – Metallschelle oder Anlötsockel?		Falls Metallschelle – welchen Durchmesser muss sie für das Sitzrohr haben?
Achsabstand: vorne		Normalerweise 100 mm
Achsabstand: hinten		Normalerweise 130 mm (Felgenbremse) oder 135 mm (Scheibenbremse): genau prüfen
Tretlagergehäuse		
Ausfallenden		
Sitzrohr	.... Durchmesser	
Steuersatz eingebaut oder separat im Lieferumfang enthalten?		
Gabelkonus montiert oder im Lieferumfang enthalten?		
Größe des Steuersatzes, falls nicht eingebaut	.... Durchmesser	
Steuersatzlager, 2-mal		

KOMPLETTGRUPPE

KOMPONENTE	BEMERKUNGEN	ZU BEACHTEN
Tretlager		Checken: Breite, Rahmenkompatibilität und die Austauschbarkeit des Kurbelsatzes und der Spindel
Länge der Tretkurbel	.... mm	
1-fach, 2-fach oder 3-fach-Kurbel?		Bei 3-fach-Kurbel darauf achten, dass Rahmen, Umwerfer und Kassette kompatibel sind
Umwerfer – Metallschelle oder Anlötsockel?		Wird durch den Rahmen bestimmt; falls Metallschelle, Durchmesser des Sitzrohrs messen
Bremsschalthebel		Kompatibilität mit Schaltwerk prüfen
Schaltwerk		Kompatibilität mit Bremsschalthebeln und Kassette prüfen
Kassette		Checken, ob sie mit Schaltwerk und Freilauf kompatibel ist
Kette		Kompatibilität mit Kassette prüfen; bei XL-Rahmen zwei Ketten besorgen
Felgenbremsen		Prüfen, ob Felge mit Reifen durch den Bremssattel passt
Scheibenbremsen		Checken, ob Flatmount- oder Postmount und ob ggf. Adapter mitgeliefert werden
Durchmesser der Bremsscheiben		Durchmesser mit Maßen von Rahmen und Gabel abgleichen
Bremszug		
Schaltzug		
Kabelhüllen für Bremszug		
Kabelhüllen für Schaltzug		
Aderendhülsen		
Kabelenden		

LAUFRÄDER

KOMPONENTE	BEMERKUNGEN	ZU BEACHTEN
Größe		Normalerweise 28 Zoll (770C), evtl. 27,5 Zoll (650B) oder jeweils das Äquivalent fürs Mountainbike
Tubeless oder Drahtreifen?		
Bauform		Darauf achten, dass die Anzahl der Speichen und das Material der Nabe und der Felge für den vorgesehenen Zweck geeignet sind
Freilaufnabe (oder Schraubkranzfreilauf) im Lieferumfang enthalten?		
Freilaufkompatibilität		Shimano/SRAM oder Campagnolo?
Bremsenkompatibilität		Felgen- oder Scheibenbremse?
Achsabstand vorne		Muss zum Rahmen passen (s. oben)
Achsabstand hinten		Muss zum Rahmen passen (s. oben)
Reifengröße		Auf die richtige Größe achten und ob Reifenbreite mit Felgenbreite, Rahmen und Gabel kompatibel ist
Reifen mit Schlauch oder ohne (Tubeless-Reifen)		Prüfen, ob Felge evtl. für Tubeless-Reifen geeignet ist
Schnellspanner		Müssen passend für Nabe und Ausfallenden sein

WEITERE TEILE

KOMPONENTE	BEMERKUNGEN	ZU BEACHTEN
Lenker	.... mm Durchmesser	Durchmesser muss in Vorbau passen
Lenkerband oder Griffe		
Klassischer oder Ahead-Vorbau		
Kompatibilität Vorbau und Lenker	.... mm Durchmesser	
Länge des Vorbaus		
Sattelstütze	.... mm Durchmesser	Durchmesser mit dem Sitzrohr abgleichen
Pedale		Falls Klickpedale, darauf achten, dass sie für die Schuhe geeignet sind
Sattel		

ZUBEHÖR

Schmiermittel		
Kettenöl		
Luftpumpe		
CO_2-Kartuschen		
Latexemulsion für Tubeless-Reifen		

Weiterführende Literatur und Quellen

Es gibt zahlreiche Bücher zum Fahrradbau und zur Fahrradpflege, die hier nicht im Einzelnen genannt werden können. Mein Favorit ist aber der Titel *Zinn & the Art of Road Bike Maintenance* von Lennard Zinn. Ebenso finden sich im Internet etliche Seiten zum Thema – ob Rennrad, Mountainbike oder andere Arten von Fahrrädern; zu nennen sind hier beispielsweise *www.roadbike.de* (Rennrad) oder *www.bike-magazin.de* (Mountainbike). Auch die YouTube-Kanäle von *Park Tool, Global Cycling Network* oder *Pinkbike* sind oft sehr nützlich.

Register

Danksagung

Zunächst einmal Dank an Al Bailey, der für die Illustrationen Modell stand und großzügig sein Fachwissen mit mir teilte. Mein Dank gilt auch den Mitarbeitern von Cranks, einer gemeinnützigen Fahrradkooperative in Brighton, insbesondere Iain, Dave und Adam. Wenn Sie das Glück haben, solch eine Organisation in Ihrer Heimatstadt zu haben, unterstützen Sie sie. Unter cranks.org.uk können Sie etwas über ihre Arbeit erfahren.

Ich bin den Menschen, die dieses Buch möglich gemacht haben, unendlich dankbar. Zara Larcombe hat es angestoßen, und Chelsea Edwards nahm es in die Hand, es zur Vollendung zu bringen, wobei sie sich während der Arbeit an diesem Buch nicht durch die Trägheit des Autors aus der Ruhe bringen ließ. Alex Coco bemühte sich, jede Doppelseite nicht nur anschaulich und verständlich, sondern auch elegant zu gestalten, und es war ein echtes Privileg, zum ersten und hoffentlich nicht zum letzten Mal mit Lee John Phillips zusammenzuarbeiten. Felicity Awdry kümmerte sich um die Produktion des Buches; Sid Allen machte die letzten entscheidenden Fotos. Es versteht sich von selbst, dass alle eventuellen Fehler, die sich im Buch finden, zu meinen Lasten gehen. Wie immer vielen Dank an den Rest des hervorragenden Teams von Laurence King Publishing, darunter Barney, Fiona, Marc, Laurence, Adrian, Angus, Felicity, Myrsini und die Mitarbeiter von Chronicle Books und Laurence King Verlag.

Autoren sind dafür bekannt, dass sie schreckliche Dinge für ihre Schreiberei tun, und ich habe zu dieser langen und unrühmlichen Tradition beigetragen, indem ich mein Badezimmer für mehrere Monate in eine Fahrradwerkstatt verwandelte. LB de la Mer und Sid Allen haben sich nie über dieses unglaublich rücksichtslose Verhalten beschwert – auch Jules Hau nicht: Dafür und für vieles mehr, als ich hier jemals ausdrücken könnte, bedanke ich mich an dieser Stelle.

ALAN ANDERSON wuchs als Radfahrer in London auf, fuhr dann weiter durch Großbritannien und Europa, reparierte sein Fahrrad selbst und lernte dabei, wie all diese Teile funktionieren. Er träumte immer von dem „perfekten Fahrrad“ und begann, zu Hause sein eigenes zu bauen. Er arbeitet ehrenamtlich in einer gemeinschaftlichen Fahrradwerkstatt, um sein Geschick zu entwickeln und weiterzugeben. Dies ist sein drittes Buch über Fahrräder und die Kultur des Radfahrens.

LEE JOHN PHILLIPS ist ein preisgekrönter freiberuflicher Illustrator und führt Skizzenbücher wie andere Leute Tagebuch; er lebt und arbeitet in Narberth, West Wales. Neben der Arbeit für seine Kunden hat er es sich zur Mammutaufgabe gemacht, jeden einzelnen Gegenstand im Geräteschuppen seines verstorbenen Großvaters zu zeichnen. Bis heute hat er über 7400 Zeichnungen von Gegenständen angefertigt und betrachtet dies als sein Lebenswerk. Wenn er nicht gerade am Zeichenbrett sitzt, kann man Lee an der Küste oder im Wald beim Schnitzen von Löffeln antreffen.